Great Leaders Have No Rules

Contrarian Leadership Principles Your Team and Business

凱文・克魯斯 著
Kevin Kruse

侯嘉珏 譯

偉大的領導者沒有規則

讓團隊脫胎換骨的逆向領導力

獻給運用同理心、善良及愛來領導的阿曼達（Amanda）、娜塔莉（Natalie）與歐文（Owen）。

目次

推薦序

呆伯特（Dilbert）連環漫畫中最受歡迎的情節之一，一開始就是呆伯特的上司正以資深領導者的角度，向大家解釋公司的低利潤。呆伯特則藉著詢問以下的問題，不敢置信地回應了他的上司：「所以，他們是說，因為優秀的管理，所以利潤增加，然後因為經濟不景氣，所以利潤下滑？」結果，呆伯特的上司答道：「若你別把事情置於整體脈絡下觀看，以後這些會議就會進行得快一點。」

「優秀領導力」（Great leadership）真的是一件很難明確說明並瞭解的事。你認識一名優秀的領導者，在其麾下工作，但是就連他們自己，也很難確切地解釋自己都是做了什麼，才讓他們的領導變得如此有效。優秀領導力是動態的；它把各種不同的獨特技能融合成一個整體。

優秀領導力常常需要在關鍵時刻做出違反直覺的行動。這正是凱文・克魯斯所切入的重點。你看，凱文善於點出領導者正帶領自己走向何種錯誤的方向，並且善於把這項知識轉變成任何領導者都能採取的簡易行動，好讓他們在職涯上有所轉變，繼而更上一層樓。這正是本書的美妙之處，也是我們亟需本書的地方。

不可思議的是，你經常聽到領導者抱怨他們最優秀的職員離職——這的確值得抱怨，因為沒有什麼比優秀人才走出公司大門的成本更高，更有破壞力的了。

領導者往往會把營收上的問題，怪罪到世界上一切可能發生的事，卻忽略了事情的癥結點，那就是：人們不是離開工作；他們是離開上司。多數領導者起初都是出於善意，但你認為身為領導者所該做的事，實際上經常會摧毀員工的士氣。

組織都知道，激勵職員、促使職員投入工作有多重要，但大部分的組織都無法要求領導者為此負責。他們一旦不負責，組織最後的盈虧就會相當難看。有一份美國加州大學進行的研究指出，相較於並未受到激勵的職員，受到激勵的職員產能提升了三十一%，銷售額增加三十七%，就連創意也高出三倍。另外，根據企業領導會議（Corporate Leadership Council）[1]針對五萬多人進行的研究指出，他們也有八十七%的機率較不可能辭職。

全球知名民調與商業諮詢公司蓋洛普諮詢公司（The Gallup Organization）的研究顯示，職員受到激勵與否，有七十%是受到其上司的影響，相當驚人，同時有七十%的職員認為自己並不投入工作。我們很容易就看出了領導力的契機何在。

領導力是一種說服的藝術，也就是鼓勵他人在追求卓越的同時，做出更多他們從來就沒想到自己可能做得到的事。

這與你的職銜無關，也與權力、資歷或一個人位在公司的哪個層級無關。有太多人一說到公司領導，就把矛頭直接指向組織中最資深的行政主管。但他們只不過是資深的行政主管而已。當你達到某個特定的受薪階級，並不會因此而自動產生領導力。我很希望你能在那個受薪階級尋獲領導力，卻不敢為此保證。你可以在職場上、鄰里間或家庭中成為一名領導者，什麼職銜都不需要。

領導力與個人特質無關。一說到**「領導者」（leader）**這個詞，多數人會想到控制慾強、負責掌管，同時具有領袖魅力的某個個人，而人們經常想到的，大多是美國二次大戰名將巴頓將軍（General Patton）[2]或林肯總統（President Lincoln）之類的歷史偉人。但領導力可不是形容詞。我們無須活潑外向或具有領袖魅力，才能執行領導力，同時那些具有領袖魅力的人也未必自動就會領導。

領導力不是管理。你有十五名直接向你報告且負責公司損益的部屬嗎？那麼太棒了；希望你是一名優秀的管理者。好的管理是必須的。管理人必須規畫、評估、監督、協調、解決、雇用、解雇，並且處理其他許多事項。管理者把大部分的時間花在管理上，領導者則是領導人們。

你不是因為有人向你報告才成為領導者；你也不會一達到某個特定的受薪階級，就在一夕之間成了領導者。一名真正的領導者會影響他人，好讓他們充分發揮自我。領導力是社會上的影響力，而非職權上的權力。

因此，別去冀望那個職銜。領導力不是任何人能給你的。你得為自己贏得領導力、索求影響力。

而這本書將會幫上你的忙。

崔維斯・布萊德貝瑞（Travis Bradberry）博士

《情緒智商 2.0》（*Emotional Intelligence 2.0*）作者

譯注

1 企業領導會議：由企業領導人所組成的諮詢機構——企業執行委員公司（Corporate Executive Board）之隸屬機構。

2 巴頓將軍：全名 George S. Patton Jr.（一八八五至一九四五年），生於軍事世家，第二次世界大戰時，巴頓率領美軍出入北非的荒漠、西西里的野外及歐洲的平原，參與了一系列的戰役並取得決定性的勝利。

作者序

我清楚有關「領導力」（leadership）的兩件事，雖然它們不被大多數人所相信。

第一，領導力是一種超能力。

第二，從小到大，我們所學到有關領導力的一切，幾乎都是錯的。

在職場上缺少領導力，導致我最初的兩家公司面臨倒閉，而後來有效的領導力讓我得以成立、打造並銷售數家市值高達數百萬美元的公司。

在家庭中缺乏領導力，讓我以離婚收場，而家庭領導力則讓身為單親爸爸的我得以撫養出三名優秀的孩子。

欠缺自我領導，讓我半夢半醒、體重超標且鬱鬱寡歡地四處溜達，如今我則率先領導自我，讓自己變得健康、專注且神采奕奕。

倘若你正遵循傳統老派的管理建議，那將會阻撓你的事業、家庭，或讓兩者皆受其害。如今，我們在預算及職員人數都遭到刪減的情況下，被要求做得更多。無情的變革、全年無休的溝通型態，還有價值觀與其父輩迥異的年輕世代，都在在對大環境造成衝擊，而我們得在這種大環境中導航。

本書旨在教導你無須表演、夜以繼日的加班，以及在毫無壓力之下，就能成為人人都想共事的上司，還有每位總裁都想雇用的成功人士。

你在本書讀到的建議，是依據具體的研究，並以我過去三十年來成立並培植各大公司的企業經驗為基礎。這些公司已經被美國《Inc.》雜誌列為前五百大快速成長的私人企業，以及員工滿意度項目的「最佳幸福企業」。

這些建議的基礎，也包含了我在播客（Podcast）的〈LEADx領導力〉（LEADx Leadership）節目上與兩百多名來賓的晤談。我曾向丹尼爾・賓克（Dan Pink）、[1]麗茲・威斯曼（Liz Wiseman）、[2]金・史考特（Kim Scott）[3]等管理大師，聞名全球的專案管理工具軟體Basecamp製作人傑森・福萊德（Jason Fried）、加拿大軟體公司FreshBooks共同創辦人邁克・麥可德蒙特（Mike McDerment）、紅帽公司執行長吉姆・懷特赫斯特（Jim Whitehurst）等總裁，潛艦艦長大衛・馬凱特（David Marquet）、作戰飛行員凡爾妮斯・阿摩爾（Vernice Armour）、美國陸軍少校喬・拜爾利（Joe Byerly）等軍事專家，以及羅利・魏登（Rory Vaden）、[4]傑夫・桑德斯（Jeff Sanders）、[5]克雷格・巴蘭坦（Craig Ballantyne）[6]等產能專家一一請益，點點滴滴彙集出真實世界的領導智慧。

我之所以成立LEADx學院（LEADx Academy，網址：www.leadx.org），旨在為世界各地的每一個人提供**免費的**世界級領導課程。我深信，領導力永遠都是最強大的力量。LEADx目前已經透過線上培訓、專文與播客節目，協助一百九十二個國家的人瞭解到「領導力並不是一種選擇」。倘若領導力即影響力（leadership is influence），這就意味著我們每個人每一天都在領導、影響著周遭的人。

為了充分利用本書，我敦促大家力行以下三件事。

第一，把懷疑暫時擱在一旁。本書中的每個章節盡是與傳統智慧相互牴觸的建議及策略。你將會聽到自己內心吶喊著：「我不可能那麼做，那樣在我的公司行不通啦！」但不要管它怎麼說。你能藉由質疑目前的領導方式有效與否，並透過逐次測試一種剛獲得的超能力，來克服這些認知上的分歧。

第二，下載「優秀領導者不設限行動方案」（Great Leaders Have No Rules Action Plan，網址：www.LEADx.org/actionplan），這將提供完整的內文概述，並協助你在職場與家庭中運用新的觀念。

第三，閱讀本書（這是當然的）。藉著摒棄懷疑，搭配行動方案並逐一閱讀每個章節，你將迅速成為自己嚮往擁有的那種上司。

凱文・克魯斯
二〇一九年，美國賓州，費城

譯注

1 丹尼爾・賓克：暢銷作家暨個人發展專家。

2 麗茲・威斯曼：威斯曼集團總裁，該集團位於美國加州矽谷，為領導力研發中心，旨在為全球高級管理人講授領導課程。

3 金・史考特：坦率顧問（Candor, Inc.）共同創辦人兼執行長，現為多家科技公司的資深顧問。

4 羅利・魏登：暢銷作家、自律策略家，亦為專業演說家，演說對象遍及全球，主要談論如何善用自律達成人生目標。

5 傑夫・桑德斯：播客〈清晨五點的奇蹟〉（The 5 AM Miracle）節目主持人。

6 克雷格・巴蘭坦：健身教練暨暢銷書《有氧減肥大迷思》（*The Great Cardio Myth*）作者，在二〇〇一年創立蔚為流行的在家健身計畫：亂流訓練法（Turbulence Training）。

第1章

終止開門政策

二〇一七年五月十日，電視脫口秀主持人史蒂芬・哈維（Steve Harvey）在網路上暴走，掀起了一股熱潮。

這裡指的當然不是字面上的「暴走」，而是從社群媒體到晚間新聞，人們都紛紛對於哈維寄給員工的，同時被美國《綜藝》（*Variety*）雜誌稱為「令人震驚的便條」而感到忿忿不平。哈維透過直率的語言，讓人人知道他需要獨處。他所寫下的便條部分內容如下：

我想要大家檢視並恪守以下我在第五季脫口秀曾提及的重點和規則。

在我的化妝室裡，不得開會。不得順道拜訪，也不得未先告知就逕自跑來。一次都不行（NO ONE）。

除非受邀，否則別來我的化妝室。

也別開我化妝室的門。**你若開門，就等著被轟出去吧！**（IF YOU OPEN MY DOOR, EXPECT TO BE REMOVED.）

我的保全團隊將會阻止任何站在門口想要見我，或者想要跟我說話的人。

現在，我想要所有埋伏就此打住，包括電視臺的員工在內。

你得預約、排定時間。

在他的便條內容一夕爆紅、令世界各地都震驚不已的同時，我感到震驚的卻是其他人居然會對此事感到震驚。

史蒂芬・哈維沒有錯。

但他能否換句話說呢？絕對能。就連我正值青春期的孩子都知道，用全部大寫的英文字母來強調，從來就不是一個好點子。

你要瞭解，哈維現年六十歲，是廣播節目、電視脫口秀、《家庭大對抗》（*Family Feud*）、[1]《小小達人秀》（*Little Big Shots*），[2]以及其他各種節目的主持人。為了錄製這些節目，他會定期搭機往返洛杉磯、芝加哥與亞特蘭大，同時還扮演著父親及祖父的角色。

就連比他小十歲的我，一想到這種行程，就覺得自己需要小睡一下才能應付。

史蒂芬・哈維的每個員工應該都相當清楚，他們需要哈維保持活力充沛、幽默風趣且極富創意，而不需要他對節目的細節挑三揀四，或者不停地親筆簽名。

總之，他得釋出這樣的便條是令人震驚的事。他應該會聘用高薪助理來當員工主管，好為他進行最妥善的時間安排吧？節目製作人又為何沒有扮演其他員工的聯繫窗口呢？

你會發覺，這是一份哈維在感到挫折時，誠實地將情緒訴諸文字的便條。但他一點都沒錯。

「有空嗎？」

即便我不會成為脫口秀主持人，但我對於突如其來、「未經告知就逕自跑來」（pop-in）的問題，的確很能感同身受。

「有空嗎？」這三個字的提問，往往令我毛骨悚然。

例如，我正著手進行來年的策略計畫及預算。公司的年度營收將如何在一年內從五百萬美元增加到一千萬美元呢？這是我的策略合夥人所設定的目標，他將為公司的成長贊助資金，而呈現出我們將會如何辦到此事則是操之在我。

好……我若在X欄位增加兩名業務代表，一名九萬美元，他們每個人從第六個月起所增加的營收就會是——

叩、叩、叩，「有空嗎？」

我想支援我的團隊成員，也想當一名優秀的領導者，所以我……

「有空啊，翠西，怎麼啦？」

她走進辦公室，給我看一張會議展覽攤位的3D立體圖。「我準備要批准最後一版的攤位設計圖了。他們上週已經按照我們的要求把圖改好。你看看這樣行嗎？」

「我上週就告訴過妳，改好的可以了。」

「我知道，但這是最後終極版了。在我付一萬美元之前，我覺得應該要確認——」

「翠西，聽著。預算沒問題，設計也沒問題。」

「好吧，謝啦。」

我嘆了口氣。

好，我剛剛做到哪裡？雇用更多業務代表所帶來的影響。在這張表上，哪個欄位才是業務代表的總人數？有了，X欄位。我若增加兩名代表——

叩、叩，「有空嗎？」

不會吧？！

尋求溝通與透明化

「開門政策」（open door policy）指的是企業或組織領導者敞開辦公室的大門，以致讓職員覺得領導者很歡迎他們順道路過、私下碰面、提問，或者討論一直縈繞在他們心頭上的事情。

相較於以往，如今的辦公環境、共事空間不僅開放，也有團隊成員在全球各地進行遠距工作，「開門政策」聽起來更像是一種比喻。當今能跟「走進許多組織中那扇具體敞開的門」劃上等號的，就是：傳送手機簡訊、在臉書（Facebook）直接傳送訊息、從 Skype 上發送 Slack 即時短訊，或透過 Basecamp 單獨 ping 某人，進行即時對話。

無論你是透過真實的門或數位的門造成干擾，開門政策的原理，就在於組織不計個人職級高低，而運用開放、透明的方式，建立起一種互信、合作、溝通與尊重的文化。有機會接近行政主管，應該會減少職場上的流言蜚語。

開門政策的目標如此值得讚賞，誰不想要呢？

然而，在目標如此崇高的同時，「開門政策」實際上也有缺點。當我針對十萬名訂閱電子報與線上社群的用戶進行調查時，發現我所收到的出了差錯的開門案例居然不計其數，而且其中有來自管理者的，也有來自個人的。

其實員工並不想說出來！

團隊成員真的都想要你敞開大門嗎？

十多年前，美國維吉尼亞大學（University of Virginia）的詹姆斯・迪特（James Detert）教授與哈佛商學院（Harvard Business School）的艾美・艾蒙森（Amy Edmondson）教授，著手發掘為何有些員工會向自己的經理提出想法，有些人卻不會。他們跟一家高科技公司裡約莫兩百名的員工面談，發現大概有一半的人寧願選擇退縮，也不願分享可能對公司有益的資訊。原因為何？兩位教授解釋道：

一句話：為了自保。當我們能夠明顯看出員工為何害怕提出特定問題的時候，比方說告密，我們就會發現到，人們與生俱來的防衛直覺是如此強大，以致人們噤若寒蟬，不願說出原本顯然是想要幫助組織的話。在我們的面談中，職員察覺到「說出來」的風險是十分個人的、即時的，但他們在分享想法之後，未來可能對組織帶來的好處卻是不確定的，所以為了謹慎起見，人們經常直覺地保持緘默，而他們最常得出的結論，似乎就是：「凡有疑慮時，閉上嘴巴。」

迪特與艾蒙森教授還發現到，有些員工會參考公司內部有人公開分享自己的想法之後就會「突然去職」等，這類毫無事實根據的傳言。

實際上，我的讀者之一蓋利就曾經寄來電子郵件，向我描述他在利用自己經理的上司所制定的開門政策時，究竟發生了什麼事。

見面時，我跟他說了一些我跟新來的資淺直屬經理之間績效和溝通的問題，還提出了一些解決方法……結果幾天後，他把這些話告訴我的經理，導致我倆之間變得很糟。我的經理很快就辭職，然後幾個月後，我也被迫離職。

這些因為利用開門政策而被炒魷魚的案例，究竟有沒有任何根據？實際上，這並不重要。只要職員這麼認定，公司鐵定就會面臨職員退縮不前、保持緘默的風險。

無論有意還是無意，職員不時都在掂量著潛在報酬下的潛在風險。惟有在利益遠大於風險時，他們才會主動積極地走進那扇敞開的門。要是把責任推給這些人、要他們開誠布公地溝通問題或者提出建議，只會讓半數的團隊成員保持沉默。

當下屬越級呈報時

倘若公司場合中只有一半的人對於開門政策感到自在，那麼軍隊中或許更糟，尤其是當有人利用開門政策跳過自己的直屬長官，向更高的層級直接呈報問題。

美國陸軍司令部的指揮政策甚至載明開門政策的概念。《美國陸軍章程 600-20》（Army Regulation 600-20）在第二章第二段指出：「指揮官將在其管轄範圍內訂定開門政策……開門政策的時點、施行方式與特定程序，皆由指揮官決定。」

然而，即便這是官方所明文規定的政策——指揮的必備要件——士兵仍會進行迪特與艾蒙森教授所描述的風險及報酬分析，而且大多數的士兵似乎都認為不值得去冒那個險。我從軍事留言板上隨機採樣的意見包括：

▼「你無法信任高層。他們常說自己有開門政策，但我們必須極度審慎地使用，

因為他們以後會拿你所說過的一切來攻擊你。我碰到過不少標榜『開門政策』的高層，但從他們的紀錄看來，『開門』政策感覺更像是讓人不慎闖入的『暗門』政策。」

▼「最常見的問題，在於部隊覺得使用開門政策後將會遭到報復，也許不是直接挑明，而是背地裡暗著來的。」

甚至在商場上，我們也很容易理解越級呈報會如何帶來極大的風險。

比如說，你跟上司佛萊德處得不好，或者你可能有很棒的點子，但你覺得佛萊德就是不願意採納，於是你「越級」去找他的上司茱蒂討論這個問題。多數組織中可能都會發生以下其中一種情況，而任何一種都對你有害。

茱蒂：「你跟佛萊德談過這個問題了嗎？你有？好，那麼我同意他的決定，現在，請你乖乖回去上班。」如今我知道你是個判斷不佳、愛發牢騷及製造麻煩的職員。

或者是，

茱蒂：「你跟你的上司佛萊德談過這個問題了嗎？你有？那麼我很開心你堅持

到底，並讓我注意到這個問題。我打算否決他的決定，並讓他明白未來我們得更嚴肅地看待______。」

於是，你的上司佛萊德以後一想到你，就會覺得：我早就知道他是個愛發牢騷及製造麻煩的職員。

你的上司會開除你嗎？也許不會。那麼他會忽視你、分派好工作給團隊中的其他人、特別盯你的工作、在大雪紛飛的日子裡拒絕你居家上班的請求，或是讓你難堪嗎？他會。

無論是哪一種情況，你都是輸家。

運動選手為何保持緘默

美國紐澤西州羅格斯大學（Rutgers University）的運動校隊，並不常引起ESPN衛視體育臺或是全美上下的注意。身為該校一九八九年畢業生的我，很清楚這一點，所以當該校在二〇一三年基於非常糟糕的理由而成為全國有線電視爭相報導的對象時，我覺得有點意外。

ESPN的調查性新聞節目《球場之外》（*Outside the Lines*），從關於該校的籃球教練麥可・萊斯（Mike Rice）在培訓時以口頭及肢體暴力虐待球員的數小時影片中，剪輯出重要片段並播出。影片中，可以看到萊斯推擠數名球員、掐住一名球員的咽喉讓他險些窒息、踹了另一名球員，還從僅僅幾英尺之外朝他們的頭部扔擲籃球；口頭上，他則透過淫穢的言詞及恐懼同性戀之類的誹謗來貶低球員。一開始，該校只對萊斯開罰、中止他帶領三場球賽，然而當影片傳開來後，萊斯才遭到解雇。該校虐待球員的事件，一直從二〇一〇年持續到二〇一二年才遭到揭露。

還有一些案例更令人憂慮，那就是年輕的運動選手遭到教練或職員性侵。如美國賓州州立大學前橄欖球隊助理教練傑瑞・桑達斯基（Jerry Sandusky）藉職務之便性侵數十名男童；前美國國家體操代表隊（USA Gymnastics）隊醫賴瑞・納薩（Larry Nassar）也在長達二十多年的時間內性侵一百多名女孩而遭判刑入獄。

當這些駭人聽聞的事件最終曝光時，我經常聽到為人父母的成年人說出「孩子為何不告訴別人」之類的話。

同樣的：風險相對於報酬的高低。

球員害怕坐冷板凳、慘遭退隊、以大欺小，甚至更糟的事，而大學的運動選手則是害怕失去獎學金。性侵的案例都帶有難堪、羞恥等相互關聯的情緒反應，受害者會衡量所有的一切，還有實際上他人不會相信這些指控，又或者施暴者不會罷手的可能性。在納薩的案例中，的確有很多年輕的體操選手都曾告訴父母、教練、培訓員，自己遭到性侵，但在很多情況下，這些長輩只是告訴受害者，他們很幸運能被這麼德高望重的醫生看照著、他只是在給予他們正當的醫療照護，還有他們不該再追究此事。

「開門」政策是被動的，而我們所需要的是主動、安全的溝通政策。有多少體育總監會向旗下所有的球員發送匿名調查，特別問起以大欺小、霸凌或虐待的事？一名因為爭取不到更長的上場時間而感到沮喪的球員，是否可能利用匿名調查而做出錯誤的指控？這有可能，而且哪怕只是一丁點訊息，就會被當作是這麼一回事。然而，倘若體育總監、聯盟理事長——哪怕是誰都好——看得到大部分的球員都正做出同樣的指控，那麼他就能在必要時啟動調查、採取行動。

我寧可先跟上司確認一下

對某些職員而言，問題並不在於害怕走進那扇敞開的門，而在於他們老是想要走進那扇門。這些人在願意與管理階層分享所有難題、想法和決策之下，變得太過依賴公司的領導者。基本上，他們變得害怕在尚未請示之前，就制定大部分的決策。

蔚為傳奇的領導力教練馬歇爾・葛史密斯（Marshall Goldsmith）在為《哈佛商業評論》（*Harvard Business Review*）撰寫的專文中探討箇中原由，他指出，職員比組織中的任何人都還清楚自己的工作，但不是人人都能輕易地制定決策，主要癥結如下：

要領導者「授權」（empower）某人負責並制定妥善的決策，這是不可能的。人們必須自我授權。你的角色是要促成、支持那種「制定決策」的環境，並給予職員自行決策和採取行動所需的工具與知識，如此一來，你才能幫助職員達到被授權的狀態。

開門政策大多被用來替代一開始的培訓投資與職員所需要的關注，但如此便宜行事，經常導致成效不彰。唯有當你給予人們制定妥善決策所需的工具和訓練時，他們才會這麼做。

反之，倘若你忽視他們、偏好「他們需要你就來找你」的政策，你就阻礙了他們的發展還有制定決策的能力。

澳洲家族企業的經理尼克（Nick）就曾經試圖藉由力行開門政策，以使公司文化變得現代化，其敘述的結果如下：

我每週工作超過七十個小時，不經意地建立起一種「甚至連芝麻蒜皮的小事都要依賴」的文化……較能幹（較有用）的員工在其職務角色中感覺不到獲得授權，甚至受到信任，於是比較可能想要離職；而沒那麼能幹（較沒用）的員工只會變得更加依賴。這意味著較能幹的員工會離開，沒那麼能幹的則會留下。我的開門式管理政策基本上似乎成了一種「員工能把問題交還給管理階層」的機制！

身為領導者，你有責任在適當時機透過良好的培訓和輔導，傳承寶貴的知識與經驗，但維持大門敞開卻阻礙了你的員工適度採取行動，並限制了他們需要成長的機會。

表演與解方

一旦開門政策毫無限制，產能問題就會擴大。

我曾在〈LEADx 領導秀〉節目中訪問暢銷作家暨領導力專家希・維克曼（Cy Wakeman），討論因上班族不時上演閒聊、緋聞和談戀愛的戲碼，以致造成產能損失所衍生的成本。她很風趣地告訴我，人們可是開著 BMW——說壞話（Bitching）、發牢騷（Moaning）、猛抱怨（Whining）——闖進開門政策的那扇門；她還說，「我很快就瞭解到，那扇敞開的門就是表演的大門，它滿足了受害者自我中心、加油添醋的情緒反應，繼而導致士氣低迷。」

保羅（Paul）是一名廠長，他曾經跟我分享團隊成員向他傾訴個人問題之後所帶來的挑戰，他說：

> 這完全就是兩面刃。一方面，我大多知道職員這麼做的原因，而且試著盡可能對他們公開、誠實；另一方面，我得要坐著傾聽男人哭喊著妻子或女友對他們做了什麼、他們感到多麼不受尊重，還有隔天為何得要休假等一大堆事。就我的開門政策而言，

或許我執行得太過徹底，以致那條劃分「善解人意的老闆」和「可能是朋友」的界線，變得模糊不清。

有一名潛艦艦長曾經對我說過，其麾下的任何一個人都可能讓他的船艦沉沒，所以他的職責就是要確切掌握船艦上每個人工作時和私底下的狀況。如果你的團隊沒有面臨同樣的風險，卻允許人們在任何情況下都能進入那扇敞開的門，就可能讓狀況急遽惡化、面臨失控。

經理的產能噩夢

職員並不是傳統開門政策下唯一的受害者。事實上，團隊領導者和行政主管才是最後收拾殘局的人。你或許想像得到，開門政策會導致產能的噩夢。有各種研究報告指出，典型的上班族每天被干擾五十至六十次，而且每次干擾平均間隔約莫三分鐘。

一位名叫康妮（Connie）的經理曾經告訴過我，她若不能一直都在附近或者讓人找到，她的團隊就會抱怨連連。其電子郵件透露出一股挫折感：

我是一名採行開門政策的經理，所面臨最大的缺點，就是事情根本做不完。我想進行的每項工作都要超長的時間才能完成，這當然會影響到我的產能、電子郵件回覆狀況和成就感。

另一名經理緹娜（Tina）告訴我，「即便我支持開門政策，但這意味著每次我被干擾之後，都得要花上十五分鐘，才能著手回復到我正在做的事。」

產能研究人員握有各式各樣因干擾而受到影響的估計值。美國加州大學資訊學教授葛洛麗雅・馬克（Gloria Mark）發現，一名上班族在被干擾之後，平均要花上二十五分鐘才能完全回到工作崗位，這個數值算是偏高，而該研究並未探討受到干擾會如何影響我們的工作品質。

然而，我們不需要數學家就能夠知道，一些臨時的會議將會擾亂你一整天的工作流程。

你是否應該完全關上門？

因此，伴隨著開門政策而產生的所有問題，我們現在是否應該完全把門關上呢？領導者是否應該婉拒突然間一對一的開會？他們又是否應該保持距離、不聞不問呢？

當然不應該。

開門政策之所以存在風險，在於訓練不佳的管理者僅採納該政策最過分簡化的定義。為了達到公開透明、共同合作與相互信任的目標，我們能夠利用不少方法強化或補充開門政策。開門政策是能修補的。

開門政策解方之一：排定上班時程

如前所示，傳統的開門政策可能會急速導致經理和行政主管蒙受重大的產能損失，倘若簡單地稍做修改，是否就能在不耗損產能的情況下，順利保留開門政策所帶來的種種好處呢？

倘若你老是敞開大門（或是象徵性地開著門），就永遠不會知道自己將會怎麼度過今天；反之，倘若你在有限且預設好的時段保持大門敞開，將會讓你持續管控，並防止他人打斷你的工作流程；再者，藉著減少同仁找得到你的機會，你才能迫使他們相信自己在小事上的直覺，而且惟有在問題夠大時，才來尋求你的指導與建議。

你可以考慮每週設定一天「開門」日。選在週一的好處，在於確保人人都擁有所需的資訊或決定，達到富有成效的一週。倘若你已經把每週一拿來進行一對一的會議（這麼做好極了），那麼選擇週五、讓人人都能在最後一個上班日整理思緒，也很棒。

我還知道別人會在每天選定一小時「開門」。若你試圖這麼做，請先考量一下你個人的產能需求。你在何時最多產？對多數人而言，會是在早上。你可以考慮把上午視為「製造者」（maker）時間，而把下午視為「管理者」（manager）時間。

開門政策解方之二：訂定基本規則

天主教宗方濟各（Pope Francis）或許也採行開門政策，但你若想前往辦公室與他晤談，你則會先路過一則標誌牌，上面寫著「VIETATO LAMENTARSI」，英文是「COMPLAINING FORBIDDEN」，亦即「禁止發牢騷」。

《義大利時報》（*La Stampa*）曾刊登過這張貼在教宗公寓門口的標誌牌照片，而送給教宗這句話的，正是義大利哲學家暨勵志作家薩爾瓦・諾埃（Salvo Noe）。標誌牌上較小的字體寫著：「發牢騷的人容易犯上『總覺得自己是受害者』的毛病，導致你降低幽默感及解決問題的能力。」

即便這看起來像是一句玩笑話，但它確實有效地提醒教宗，並為教宗在接受提問時提供可能的解答。

戰斧顧問公司（BattleAxe Consulting）總裁凱倫・貝卓爾（Karen Baetzel）曾經擔任美國海軍飛行員三十年，對轄下的男性和女性都訂定了明確的基本規則。

我認為，不合格的開門政策會招致組織之間的混亂。在我的認知裡，更好的政策應該是「半開門」政策，而且我在擔任指揮官時，都會確切地解釋該政策的涵義，也就是說，你只有遇到以下的情況才能來找我：

一、當傳統的指揮鏈（chain of command）並非如你所知的那樣運作，而非當你得不到想要的答案時。

二、當你認為某件危險、非法或反美國的事正在進行時。

三、當你理解濫用或藐視特權的下場時。

澳洲的一位經理尼克發現敞開大門的政策會導致員工的依賴心，於是實施了「兩種解決方案」（two-solution）的規則。他解釋道：「至少，我的員工現在全都清楚瞭解，他們不能一碰到問題就直接去找管理階層，除非他們能夠提出二至三種可能的解決方案。倘若他們辦不到，我就會打發他們走，要他們想到之後再回來。」

那麼，對那些越級呈報的會晤該怎麼辦？也就是在組織圖「底部」的若干層級中，有人跳過自己的直屬上司，來到你的辦公室。美國海軍中有位匿名的指揮官曾在集合點（RallyPoint）[3]的留言版上描述他的作法：

倘若他們提出的是指揮鏈的問題，我總是會問：「你們問過了所屬指揮鏈中的長官了嗎？」若答案是否定的，我就會送他們離開，然後要他們好好利用軍方基於某種原因而設立的機制；若答案是肯定的，我則會問起他們是否已經利用過這套由下到上的完整指揮鏈。截至目前，我還沒看過利用指揮機制卻解決不了的問題。

至於那些擅長留意什麼可能更好而且還會提醒你的人，你只要同意他們的看法，然後讓他們負責某一項解決方案就行了。近年來，我都會大聲疾呼：

▼「沒錯，卡爾，我們提出的價目表一點都不完美。你何不試著加入一些你正在尋找的功能項目，然後一個月後再讓我看看。」

▼「沒錯，詹姆士，我們或許正在面臨失去加入升學教育（K-12）市場的機會。你何不做一些研究、先試著撰擬企畫書，然後我們再一起檢視。」

▼「沒錯，邁可，我們的作者應該要更清楚銷售的過程。你何不召開一系列的『午餐學習會』（lunch and learns），這樣我們才能彌補這之間的落差。」

不出所料，當留意到難題的人得想出解決方案時，許多這類「問題」似乎就煙消雲散了。

開門政策解方之三：每週一對一的會談

若要打造高品質的溝通方式，並為你和直屬部下雙雙帶來裨益，最強而有力的工具就是每週預先排定「一對一的會談」。

這麼做不僅能剔除開門政策中「出乎意料」的要素，還提供了該政策所欠缺的某樣東西，也就是「準備的機會」。藉由準備一場場這樣的會談，你便能依據個人的需求，提供與其相符的相關協助，並把對個人的影響力發揮得淋漓盡致。

切記，這種一對一的會談，實際上是職員的會談。你是為了他們，才會出現在這裡。會談中的好提問包括：你是怎麼想的？你本週最重要的工作為何？我如何才能幫助你？你需要什麼才能達成？

再者，每週的會談能讓你們建立起和睦的關係，並讓你持續接觸重大的個人事務。我的團隊成員絕對沒想到身為A型人格且內向的我，居然還是個貼心的人，而我每週一通常都會先簡單地問起：「你週末過得如何？」

開門政策解方之四：溝通的節奏

一對一的會談固然重要，但若希望打造出有效的溝通文化，這只是其中一小部分。額外的會議還包括：

▼每週的團隊會議
▼每月的部門會議
▼每季的公司全員大會

你的目的是建立起固定的溝通頻率，而這類的溝通方式涵蓋了公司的全體職員——無論個人的層級有多「高」——同時這些集體會議還能為所有的團隊成員提供資訊或背景。

當講者開放提問、問起「有沒有問題」時，請切記，人們在公開場合的發言都會比較謹慎，但你有一招可以克服，就是在會前提供空白卡片，並邀請人們匿名在卡片上寫下問題，再傳至前方請講者回答。

倘若你有定期處理這類問題，未來人們就比較不可能突如其來地走進你的辦公室，問起最近的謠言或特定提案的進展。

溝通和解決問題都是令人讚賞的目標，只不過傳統的開門政策是被動的，只有一半的員工會加以利用。傳統的開門政策也會妨礙自治、授權，更會降低管理者的產能。

排定更有限的「辦公時間」和每週一對一的會談，以便積極地向較沉默的團隊成員索求意見，並主動培養互信的環境，這才是比較有效的解決方式。

最重要的是，你越常跟團隊成員溝通，並向他們提問，他們就越相信你在乎，也越相信他們可以提醒你注意一些事，而且這麼做安全無虞。

倘若你對終止開門政策仍有疑慮，不妨思考一下精明能幹的管理者梅林達（Melinda）給我的回饋。她為開門政策做出了最精采的總結：

我偏好我的上司，甚至是我的同事，在非常忙碌以致無暇說話時關起門來。當我有事想找他們商量時，我寧願他們全心投入、全神貫注，而不是感覺到他們的門「一直開著」。敞開的門並不等同敞開的心。

各類職務者的運用方式

經理

考慮每週和每一名團隊成員排定十五分鐘的一對一會談，並固定安排他們每週都在同一天與你會面，如此一來，你和團隊成員就能倚賴這種溝通的節奏。倘若你有超過十二名的直屬部下，就每兩週與每一名團隊成員碰面一次，讓他們知道你正透過這種額外的開會頻率，將你在一天內數小時的「開門」時間，減少到只剩一小時。切記，要本著強化溝通和授權的精神推動變革。

專業營銷

向既有的顧客販售更多商品，比找到新顧客並販售更多商品，來得更快、更容易。不論你是客戶總監（account director）、手上握有市值高達數百萬美元的公司客戶，還是支援下游生意夥伴的網路行銷業務，都請考慮一下建立起每月或每季的客戶審查。對於規模較小的事務性業務，或許你只要一封簡單的電子郵件就能完成客戶審查，但對於大型的公司客戶，或許你得要親臨現場、開一整天的會才能搞定。切記，若你只問顧客：「一切好嗎？」大概有一半都會回答你：「很好。」你得機靈地、試探性地問。你得找出顧客正在面臨的痛點，才能在問題越滾越大、顧客另起爐灶之前提供協助。

運動教練

有鑑於體育文化還有傳統上教練和運動員的關係，球員鮮少會主動找教練訴說自己的問題或想法。考慮一下在練習時或比賽後召開團隊會議，並在會議期間要求每名球員針對團隊在哪些方面表現優異、下次練習應該多加強哪些地方來提出想法；另外，考慮每週和隊長開一次會，他（們）很可能會知道球員心裡真正的問題。

軍官

利用「政策備忘錄」清楚明確地指出你對開門政策的期望，並讓你麾下的士兵瞭解，你期望他們先試著透過自己的士官長解決問題，還有你要求他們將想要與你會晤的事，通報其所屬的指揮鏈。你要走進指揮的人群，才能練習「主動開門」。

父母

自從孩子還小時，就建立起每晚和他們共進晚餐的傳統和習慣。不可能嗎？那麼，每週日來一場盛大、長時間的家庭晚宴呢？每月一次的遊戲夜？還是每季來一趟微旅行，例如釣魚、打籃球、父子盡情購物一整天之類的。你要變得擅長提問，好誘導出真正的答案。青少年特別有挑戰性。若你只問：「你今天過得如何？」所得到的答案肯定會是「很好」。反之，試試看：「說一說你今天最開心的事」或「今天學校要你讀的那本書在說些什麼？」而且，我很訝異的是，凡是問起：「你朋友這週都在上演什麼戲碼和八卦？」經常會挖到寶。

個人

你最愛的家人和朋友是誰？你偶然想起時才會與他們聯繫嗎？考慮建立起前後一致的溝通頻率：中午和另一半傳些簡訊、每週挑幾晚和對方約會；每月「第一個週日」和父母或手足共進早午餐；每季和大學友人舉辦烤肉會或派對。提出你真的想瞭解的試探性問題。別以為他們不想討論，也許他們只是以為你不想聽！

譯注

1 《家庭大對抗》：美國經典的電視遊戲節目，製作單位會隨機抽問一百名受訪者回答節目預先蒐集的題目並進行統計，之後再邀請兩大家族相互挑戰。

2 《小小達人秀》：由史蒂芬・哈維及金獎主持人艾倫・狄珍妮（Ellen DeGeneres）共同製作的電視綜藝節目，主要由具備特殊專長的孩童進行表演，並與節目主持人進行對話。

3 集合點：美國軍事社群的網路平臺公司。

第2章

關閉智慧型手機

說實話，你會在商務會議中查看智慧型手機裡的簡訊或電子郵件嗎？

根據美國南加州大學馬歇爾商學院（Marshall School of Business）的研究人員指出，倘若你會，那麼你很可能正在惹惱你的上司和同事。他們深入研究了五百五十四名年薪超過三萬美元，且受雇於五十人以上大公司的全職專業人士對此事的看法，並詢問受試者在正式與私下開會時使用智慧型手機的狀況，以揭露他們對於接聽來電、撰寫或閱讀電子郵件或簡訊、上網，還有其他使用手機的相關行為，抱持著何種態度。研究主要發現到：

- ▼八十六％認為不適合在正式會議中接聽來電。
- ▼八十四％認為不適合在正式會議中撰寫簡訊或電子郵件。
- ▼七十五％認為不適合在正式會議中閱讀簡訊或電子郵件。
- ▼六十六％認為不適合在任何會議中撰寫簡訊或電子郵件。
- ▼至少有二十二％認為不適合在任何會議中使用手機。

再者，這項研究也指出，較年長的專業人士與高薪人士極有可能認為不適合在任何會議中查看簡訊或電子郵件。在較大型的組織中，這就意味著「高層」（也就是那些掌握你仕途的人）有可能就是最挑剔你的手機使用行為的人。

關於智慧型手機，職場禮儀與寒暄客套固然重要，但在與攸關專注力、注意力和產能的問題相較之下，這些都顯得相形見絀。我們例行地拿起這些干擾人心的小裝置並把它們放進口袋，一邊走路、一邊拿著，還會放在辦公桌上目光所及之處。怎麼會變成這樣呢？

臉書為何沒有客服專線

你是否想過，臉書為何沒有技術支援的電話？比如說，你正試著找出如何變更隱私設定，但是太複雜了，或者你想上傳幾張相片到相簿，卻不知道該怎麼操作。為何你沒辦法打給客服專員呢？

臉書沒有客服專線，是因為你不是客戶，而是他們正在銷售的產品！

如果你剛才露出了一副在電影《靈異第六感》（*The Six Sense*）的最後發現布魯斯·威利（Bruce Willis）居然早就死了的時候那種「天吶」的反應，那麼我要說，這麼驚訝的不只有你一人。

臉書當然有客戶——它擁有四百萬家客戶，也就是從可口可樂（Coca-Cola）、沃爾瑪（Walmart）到你家當地的披薩店等四百萬家的廣告戶。你小小的手機螢幕就等於是那種舊式大型的電視螢幕。根據全球知名市場研究機構 eMarketer 所做的報告，全球一整年花在數位廣告的金額共達兩千兩百四十億美元，而且大部分是花在手機上的廣告。

老實說，谷歌（Google）、Instagram、Snapchat 或推特（Twitter）都沒有客服專線。它們全都是透過取得你的注意力來營利——你要在它們的平臺上看到廣告才能做到這一點——而且它們就跟其他所有開發「免費」行動應用程式的人一樣，全都雇用一小群頂尖聰明的天才，要他們盡可能地經常獲取你的注意力。

這些人為了找出能夠讓你更常使用手機的事物，如推播通知（push notification）、紅色圓圈中顯示最新訊息的小數字、永遠滑不完的資訊牆、領袖得分板，甚至是左滑或右滑的功能等，做過了數以千次的行為實驗。有些人把這稱作「使用者體驗設計」（user experience design,UX，亦稱友善設計），或是「遊戲化」（gamification），還有人把這叫作「大腦駭入」（brain hacking），甚至是「心靈入侵」（mind jacking）。

成癮生理學

賭博、性愛、毒品和智慧型手機，有什麼共通點？

那就是多巴胺（dopamine）。

多巴胺亦被稱為「情毒」（love drug），它是一種為了強化令人愉快的活動，而釋放到大腦中的化學物質，結果就是我們變成一天到晚都在透過查看手機這種單純的活動，而讓大腦釋放多巴胺。

許多人把這比喻成拉下吃角子老虎機的操縱桿。每拉一下——每查看一次手機——我們都在想，這次會得到什麼結果？然後你不會每次都贏，反而讓這件事變得有趣，並且招致成癮。

這就是心理學家所稱的「變動獎勵」（variable reward）的影響。這是一種預期心態。或許你前三次查看手機時，只有看到別人吃些什麼、對政治人物的怒罵，還有別人的小孩做著自以為可愛的事之類的無聊照片，但有時你居然……中了頭獎！你看到了做瑜珈的山羊！又多了五人給你貼的笑話按讚！老妹留言說「LMAO」（笑到老娘大牙了）！小象追著幾隻鳥兒！多巴胺、多巴胺、多巴胺，一切都是多巴胺吶！

有超過四十%的人會在起床後五分鐘內查看手機，接著平均一整天下來我們會查看手機至少四十七次，然後有三十%的人會在睡前查看手機。年輕人一天則會使用手機八十五次，合計超過五小時。這些都是根據德勤企業管理諮詢公司（Deloitte Consulting）在二〇一五年進行的調查研究而發現的結果。這或多或少會讓你懷疑，過去我們在發明智慧型手機以前，到底都在做些什麼！

智慧型手機會使人分心且降低腦力

二〇一二年三月，波妮・米勒（Bonnie Miller）正和先生、兒子開心地散步。她突然想起自己有一場約會需要改期，於是拿起手機傳簡訊，結果才打了三個英文字就驟然失足，跌落密西根湖。她的家人緊急跳進湖裡，協助她浮在水面，直到不久後海巡署人員抵達，才將她從水裡救起來。

我們日日都看得出自己手機成癮。女駕駛查看手機，沒打方向燈就直接轉進前面的巷子；餐廳裡的情侶不是深情對望，而是低頭看著各自的手機；人們不是抬頭觀賞音樂會、派對和球賽，而是低頭盯著手機；都市人行道上的行人不是撞上東西，就是撞在一起。這是滿有趣的畫面，但有時卻不是這麼一回事，例如二〇一二年，有一名阿拉斯加的女性在撰寫簡訊時跌落懸崖而不幸身亡；二〇一五年耶誕節當天，有一名聖地牙哥的男性因分心觀看手機而活活摔死；還有一名加州女性在最高聳的橋上玩起自拍而不慎跌落，險些喪命。

根據美國哈里斯民意調查公司（Harris Poll）的調查資料顯示，有一半的管理者相信智慧型手機是產能的頭號殺手，同時有七十五%的管理者相信他們的員工每天都因分心而浪費掉二至三小時；同一份調查資料也指出，大多數的職員甚至還向主管聲稱，自己的手機裡根本就沒有工作的電子郵件，那麼，他們白天到底都用手機在做些什麼呢？有六十五%的人坦承自己在傳送私人簡訊，二十五%坦承自己在打電動，然後有四%的人居然坦承自己是在看色情影片（誰招供的？）。

然而，即便你不拿起手機接電話、讀簡訊或是（咳嗯）看色情影片，光是收到來電或簡訊的通知，就足夠讓你分心的了。美國佛羅里達州州立大學的認知研究人員發現，倘若手機提醒人們有來電或簡訊，人們即便沒有接起電話，他們在工作中犯錯的可能性仍會是三倍之多。這類工作績效的下滑情形，和那些實際上接電話或讀簡訊的人工作績效下滑，是很相似的。研究人員還描述他們所發現的結果「令人咋舌」，並解釋道：「即便通知的時間普遍不長，但它們會誘發和工作毫無相關的念頭，或是使員工心不在焉，這些都在在顯示會降低工作績效。」

這就是我在工作時總是把手機轉成靜音，甚至把手機反過來放在辦公桌上的原因。結果，這樣還不夠好。把手機放在附近就是會讓人分心，即便你已經關機了！美國德州大學奧斯汀分校（UT Austin）的研究人員，曾經針對五百四十八名大學生進行研究，想要知道只把手機放在附近，是否會消耗我們一部分的認知資源。他們指示受試者「把手機完全調成靜音，也就是關掉鈴聲和震動，讓它完全不會發出任何聲響」，再隨機把受試者分成三組：第一組是把手機螢幕朝下放在辦公桌上；第二組則是把手機放進口袋或皮包；第三組則得把手機留在外面的大廳，然後，所有受試者都要在電腦上完成一連串用來評估認知能力（cognitive capacity，又稱認知容量）的測試。

結果，把手機留在外面大廳的第三組，其表現遠比把手機放進口袋或皮包的組別更好；把手機放進口袋的第二組，又比把手機放在桌上的第一組好。本項研究的首席研究員亞德里安・沃爾德（Adrian Ward）教授解釋道：「隨著受試者越容易注意到智慧型手機，他們所擁有的認知能力就越低。雖然你清醒的神智想的不是手機，但那種過程——那種要求自己別去想某樣東西的過程——會耗去你一些有限的認知資源，這就是腦力流失（brain drain）。」

智慧型手機會招致壓力

就生理層面來看，多巴胺只占了成癮方程式——對愉悅的渴求——的一半，另一半則是來自皮質醇（cortisol），它也被稱作「壓力賀爾蒙」。人體在面臨恐懼或壓力時，腎上腺會分泌皮質醇，這被視為人體內「戰鬥或逃跑」（fight-or-flight）原始機制中相當重要的一環。

對於智慧型手機，很多人都有「害怕錯過」（fear of missing out, FAMO）的毛病。即便我們不是因為好玩才使用社群媒體，仍會不間斷地查看電子信箱、簡訊及Slack頻道，因為我們若不這麼做，就會感到焦慮。美國心理學會（American Psychological Association）曾於二〇一七年發布一項「美國壓力」（Stress in America）的研究，指出「持續查看的人」的壓力，比不會頻繁查看的人的壓力高出約二十%；那些會在週末查看工作電子郵件的人，也比一般人的壓力高出約五十%。為了釋放壓力，或許你想要在晚間和週末查看電子信箱，但「報到」（check-in）只會強化這種習性，導致這種永無止境的惡性循環變得根深柢固。

記者安德森・古柏（Anderson Cooper）曾經在名為「駭入大腦」（Brain Hacking）的新聞片段裡，被安裝了電極設備，以量測生理狀態，並且在電流接通後，開始接收研究人員所傳送的簡訊，卻渾然不知這是實驗的一部分。他看得見自己的手機，然後手機每發出「嗶」的一聲、通知有新簡訊，不僅是他會感到分心，就連他在螢幕上的壓力反應，也呈現出受到刺激的波峰。

我們無須看到簡訊，才能感受得到那種壓力的刺激，因為即使沒看到簡訊，結果也很可能一樣糟糕。我還記得十五歲的女兒娜塔莉在與家人度假時備感壓力的事。當時我們正在一艘前往百慕達（Bermuda）的遊輪上，擁有享用不盡的飲料、食物、遊戲和電影，這是一艘有待探索的巨輪！所以還會有什麼問題呢？沒有無線網路（Wi-Fi）就是問題。甚至有一種術語可用來形容這種狀況，那就是無手機恐懼症（nomophobia，從「no mobile-phone phobia」演變而來）。英國郵局（UK Post Office）曾進行過一項研究，發現到有五十三％的手機使用者在找不到手機、連不上網路或手機沒電時，會感到焦慮。

我女兒娜塔莉面臨的特定問題，在於沒有無線網路，她就無法使用Snapchat，將讓她的「Snap條」（Snapstreak）陷入危機。[1]當初設計Snapchat的腦內駭客，很聰明地發明了一種告知你已經和某人在這個行動應用程式上連續聊了多少天的特別功能，倘若你的友人未在二十四小時內回覆訊息，這條鏈結就會斷裂。維繫條紋毫無意義，卻會讓人完全上癮。

我說遊輪上沒有無線網路，其實是誇大了。遊輪上有，但是每支手機每天必須額外花費二十五美元才能使用無線網路。帶著三個孩子的我，便決定自己能用無線網路就行了。（呃，你知道，我每天得要確認一次工作電子郵件。沒錯，這就是原因。）娜塔莉一發現這點，很快就想出了解決她條紋危機的方法。「老爸，我得借你的手機登入Snapchat……」在為本書進行研究時，我得知孩子們常會把身分驗證的資訊交給能夠代表自己登入並維繫條紋的友人，以解決這類度假時的問題。但娜塔莉在我們啟程前並沒有想到這一點，於是我只好每天借她手機一用，好讓她繼續維繫條紋。

就心理層面而言，維繫條紋很容易讓我們感到自豪、獲得成就感。條紋需要花一些時間才能建立，易於比較、吹噓，但也很輕易就會斷裂（因而造成壓力及恐懼）。對於條紋斷裂的恐懼，可能致使我們對行動應用程式成癮，也可以用來協助我們維持連日健身這類有益健康的習慣。

這一則遊輪上Snap條的故事發生在兩年前。昨天，我十三歲的兒子歐文才剛從為時一週的隔宿露營回到家。「露營還好嗎？」我問道：「你覺得你會不會跟這次遇到的一些人保持聯絡？」

他毫不猶豫地答道：「噢，會啊，我已經和他們一堆人玩起Snap條了。」

智慧型手機會招致意外和死亡

你正躺在病床上並被推進手術房。這裡寒冷、明亮，醫生和護士身著手術服碎步快跑著。麻醉師站在你身旁說著：「好，你現在要睡覺囉。」隨著你逐漸入睡，醫生還說了一件事，那就是別擔心，我都在這裡……同時我會打三通電話、發十三封簡訊，還會上網三十六次。

瘋了嗎？有一名麻醉師在為六十一歲的婦人進行修復心臟瓣膜的手術時，就是拿起手機做這些事。一次再平常不過的例行手術，病人卻在手術檯上不幸身亡。目前雙方正在打醫療疏失的官司。

這則案例似乎駭人聽聞，但「行醫分心」（distracted doctoring）比你想的還要普遍。有一名神經外科醫生曾經在替病人的腦部開刀時，打了十通私人電話，導致病人全身癱瘓，結果這件醫療訴訟最終是在庭外和解。另有一半以上的心律監測儀（heart monitor）技術員，坦承自己在手術期間撥打私人電話或傳送簡訊，其中四十%甚至坦承這麼做並不安全。沒錯，智慧型手機是能讓專業的醫護人員取得病患的病歷、尋求建議、查閱處方，但這些功能也可能使人分心，並導致醫療過失。

對多數人而言，因智慧型手機而分心僅意味著在文書作業上出錯，並且喪失產能。但在許多行業中，使用手機而分心則可能招致受傷，甚至死亡。

在智慧型手機的監控下，人們不敢說真話

小時候，我有一本精裝書，內容涵蓋了二次大戰以來的特務到美軍 U-2 偵察機飛行員蓋瑞・鮑爾斯（Gary Powers）[2]的諜報史。我愛極了那本書，而且我最鍾愛的章節，全都與特務的科技有關。在燈泡裡藏著祕密的微型麥克風，這有多酷啊！還有，我要如何才能把襯衫的鈕扣變成照相機？

如今，我們都成了潛在的特務。我們拿著看似平凡無奇卻高度精密的錄音裝置四

處走動。按下紅色圓圈，並把這個裝置放在會議桌上、你的面前——就像其他人那樣——然後隨著會議一路進行，你就把場內的一字一句都給錄了下來。若要錄影，也不會比較困難。

你想確定自己不會被別人逮個正著？那麼你只要到行動應用程式商店，下載能夠錄製數百小時背景聲音的行動應用程式就行了——它無光、無聲，在螢幕上也沒有彎曲起伏的短線——所以，如果真的有任何人查看你的手機，絕對無從得知你正在錄音。那麼這種「最高機密」的錄音程式要價多少呢？不到一分美元。

同時，如果你認為這不會發生在你的職場周遭，那麼請讀一讀最近涵蓋了傳媒巨頭、國會議員、無線電城音樂廳（Radio City Music Hall）舞者、更衣間、矽谷總裁和無數教師們的新聞頭條吧：

▼「美國福斯新聞網前主播葛雷琴・卡森（Gretchen Carlson）偷偷錄下與執行長羅傑・艾爾斯（Roger Ailes）的談話，『多次性騷擾事件』錄音帶曝光」

▼「共和黨員閉門會的祕密錄音，透露了對撤銷歐記健保（Obamacare）的恐懼」[3]

▼「火箭女郎舞蹈團（Rockettes）管理階層，抨擊『虛假、怯懦的』舞者偷錄集

體開會的內容」

▼「聽著，教練們：小心內藏的錄音裝置」

▼「影片中，Uber 總裁和司機爭論調降運費」

▼「學生偷偷錄下憤怒的教師」

如今，在這些標題占盡媒體版面的同時，你會發現，其中的案例都是因為上司、教練、老師或其他位高權重的人，正在做出違法、不道德，或是單純愚蠢且令人尷尬的事。這不是重點。我並不擔心別人用智慧型手機逮到你在做些不該做的事，也不是嘗試要保護打擊工會的行政主管或在研發實驗室拍下虐待動物的吹哨者。

我擔心的是我們在日常工作經驗中開放且坦誠的溝通方式；我擔心的是出於對某些事物沒來由的恐懼而造成的自我審查（self-censorship），亦即個別人士或機構將會受到或預計會受到當權者或任何利益集團的壓力，並恐懼招致報復，因而改變、抑制原來的常規性做法或處理。倘若人們害怕在場的人可能會在未來流出一段段的錄音檔，那麼他們還會本著腦力激盪的精神，自由地分享瘋狂的想法嗎？

麥特・金凱德（Matt Kincaid）是行政主管、美國華盛頓州繼承大學（Heritage

University）商學院教授，同時也是《暢所欲言：優秀領導者如何打造坦誠文化》（*Permission to Speak Freely:How the Best Leaders Cultivate a Culture of Candor*）一書的作者。他曾經在接受〈LEADx 領導秀〉的訪談時說過：

> 研究顯示，隨著我們成為越來越高階的領導者，人們會對我們越來越不誠實、越來越不直接。我們需要人們坦誠，但我們就是聽不到這類的話……人們提問時會遲疑，分享他們的不確定時會遲疑，提出自己的想法時也會遲疑。
>
> 倘若沒有「用正確的方式說話」這類的想法，事情就會好得多、容易得多，因為那樣根本是在要求人們過濾真實的感受和想法，我們稱之為「口語處理器」（Verbal Photoshop）。[4]

「口語處理器。」我喜歡這個說法。

我們不該容忍歧視、虐待、霸凌和騷擾，而且應該在祕密錄音的輔助下摺倒那些壞人，但處在這樣高度競爭的動態世界中，身為領導者的我們，需要能夠迅速確實地溝通、冒險，以及有時會挾帶情緒說出真話的團隊。

智慧型手機真是領導的難題嗎？

你在不在乎產能？

你在不在乎團隊成員的壓力程度和健康？

你在不在乎團隊成員的安全？

你在不在乎坦誠、創意和鼓勵創新的文化？

倘若你在乎以上任何一件事，那麼在工作中使用手機就會是領導的議題。

該把手機放在一邊了

身為領導者，你的身教大於言教。你的行為會影響他人的行為。本章開宗明義便提出了調查數據，建議我們不該把手機帶進任何形式的會議中，因為即便只是看一眼簡訊，也被很多人視為一種無禮的舉動。如今，我們很清楚新電子郵件、簡訊和來電的持續干擾，正在損害我們的產能與工作品質。即便我們把手機轉成靜音放在附近，仍會受到「腦力流失」所苦，因為我們得專注在別去回應手機。

我在此提出一種偏激的想法：當你一早進到辦公室，就把手機轉成靜音，然後放進辦公桌的抽屜。（沒錯，相關研究會建議我們得把手機留在車上，或是交給助理，但我知道這真的太偏激了！）允許自己一天查看手機三次，但在查看並回覆新簡訊後，就把它放回辦公桌的抽屜裡。

如果我的另一半有急事、非得要找到我呢？但神奇的是，數百年來，我們在家人無法想和我們溝通就能找到我們的情況下，還是存活下來了。無論如何，你的另一半或許還是能夠撥打你的辦公室電話、你助理的市內電話、辦公室總機，或者致電你在職場上的哥兒們吧？

如果我需要在會議中用手機做筆記並查看行事曆呢？請去探索高級用筆和皮裝筆記本這種復古又極富質感的美好世界。你看起來會很有品味，同時，也有研究顯示手寫筆記對於理解和記憶都比較有利。稍後，你再把筆記內容鍵入雲端記事本 Evernote 或任何你所使用的電子系統，或是在下班前替一頁頁的筆記拍張照，再存進你最愛用來儲存筆記的行動應用程式。在你的筆記本後面放入每日和每月的行事曆，以便平日參閱。

我在談生意耶！客戶打來，難道我不必馬上接聽？我這輩子一直都有客戶，而我以往也同樣習慣在客戶的電話響起第二聲時，就放下手邊的一切接聽來電。最後，我瞭解到他們之所以雇用我，是出於許多不同的理由，這些理由代表著我整體的價值主張（value proposition），[5]而不是因為我是最快接起他們電話的人。如今，我要說一段簡單的話，以確保新客戶熟悉我的產品和服務，那就是：我愛你們，我以卓越的客服自豪，同時我試圖要為你們和其他客戶的利益而超值生產（superproductive）。為了達到這個目標，我每天查看電子郵件和手機各三次，如此一來，我就不會有好幾個小時讓大家找不到人。能夠預先排定何時開會、何時致電，當然最好，但如果他們真的得找到我才行，那麼可以打給我的助理，他／她會追蹤我人在哪裡。

智慧型手機、安全和薩利機長

在〈LEADx領導秀〉的第一百場節目中，我很榮幸邀請到「薩利機長」切斯立・薩利・薩倫伯格（Chesley Sully Sullenberger）擔任節目嘉賓。在訪談的尾聲，我提出了最後都詢會問來賓的那個問題，為訪談劃下句點。「幫助我們變得更棒一點吧！」

我說：「給我們挑戰，你想要我們具體做些什麼？」

一名成功將全美航空一五四九號班機（US Airways Flight 1549）迫降在哈德遜河（Hudson River），拯救了機上一百五十五條人命的男人，會提醒我們航行時繫緊安全帶，或要我們弄清楚最近的緊急出口在哪裡嗎？近日，他一直在對抗若干名國會議員極力讓空中交通控制系統私有化，並把這些航空業的說客稱作「黑暗角落中的老鼠」。或許薩利機長給我們的挑戰，是要我們致電國會議員，要他們保障飛航安全。

還是會和自駕車有關？薩利是美國交通部自動運輸諮詢委員會唯一的成員。即便他支持輔助駕駛的科技，卻反對完全不讓駕駛人控制車輛。

但薩利機長提出的挑戰皆與上述無關。事實上，他堅持要給予我們兩大挑戰，而且都跟使用手機有關。第一，為了更深度思考，並培養「創造的潛能」，他提倡我們阻絕對於簡訊和新電子郵件的帕夫洛夫反應（Pavlovian reaction）。[6]他說：

> 倘若身為領導者和團隊成員的我們，每天空出一段時間——可能是半小時或一小時——讓我們免於分心，能夠敞開心胸，甚至是在午餐時到戶外慢跑，而不只是即時回應眼前這些電子郵件、簡訊之類的，就能開發創造的潛能……偶爾還能想出一些深

刻的見解、問題的框架，並得出以前怎麼也想不到的解答。

他的第二項挑戰，則與開車時傳送簡訊有關：

此時此刻，因車禍死亡的人數持續增加，這可是數十年來頭一遭。我深信，這大多是出於我們在開車時因個人的電子設備而分心。為了阻擋這個趨勢，我們每個人今日此時所能做的最有效的一件事，就是在開車時把手機關掉、轉成靜音、放在一邊，然後做我們十年或十五年前會做的事，也就是等到抵達之後，才去找出究竟是怎麼回事。把我們的個人需求先放在一邊、拖延我們的滿足感、延遲幾分鐘回應我們對於好奇心的需求，然後這項不費吹灰之力的公民美德，每年就會在這個國家拯救數千條的人命。我們無權因為自己的方便，而讓其他人蒙受不必要的風險。

為了安全並解決問題，身為領導者，薩利機長正要求你把手機放在一邊。

要點

網路與智慧型手機的結合，提供了我們與資訊、娛樂、同事、家人和朋友前所未有的連結。但智慧型手機的無所不在，還有沒完沒了的新簡訊通知，如今導致了慢性分心，不但削弱產能，還可能危害安全。領導者應該以身作則，把手機轉成靜音，並且放在看不見的地方。

各類職務者的運用方式

經理

別到哪裡都帶著手機，為你的團隊成員樹立典範。你在和某人開會時，練習主動聆聽，別試圖透過手機同時進行多項工作。在會議室貼上「禁用手機」的標誌，並鼓勵大家一整天下來都全神貫注、持續多產。

專業營銷

比起大多數的知識工作者，即便你更合理地需要使用手機接聽客戶的電話，也要試著「訓練」客戶採用「把干擾降到最低、把產能提到最高」的溝通方式。倘若你在週二至週四之間打電話向他們確認，他們就比較不可能打電話給你；倘若你預先排定和他們通電話的時間，那麼他們想要打給你時，就會開始回想之前都是怎麼做的。

運動教練

身為教練，你對自己的球員有相當大的權力。只要讓球員知道，無論他們是在比賽時坐板凳，還是在比賽後更衣，你都期待人人不使用手機，而能專注學習。

軍官

在私人公司使用智慧型手機有很多好處，在部隊中也一樣，當然，其中伴隨著情報及作戰安全的額外風險。大家普遍都明白這一點。持續性的挑戰則是回歸基本面，也就是開車和傳送簡訊的風險，還有因為沒完沒了的簡訊，引發平衡工作和生活之間的問題。戰爭部署時，在清楚「到處都是智慧型手機，只會讓你難以掌控資訊流動」之下，你要留心並主動積極地處理傷亡聯絡的相關事宜。

父母

我得坦承，我偶爾會在紅燈停下時瞄一眼手機，但孩子們在車裡時，我則是從來不看手機。首先，我不想發生車禍、對他們造成傷害；再者，我知道他們很快就會開車，我若在車裡使用手機，他們以後就會覺得自己也可以這麼做。晚餐時不用手機，是另一種簡易且有助溝通、強化家人關係的原則，另外，還有一種強而有力的方式（但很難採行），就是當孩子在你身邊時，你就完全不用手機。美國臨床心理學家凱薩琳・斯坦納・阿黛爾（Catherine Steiner-Adair）曾向一千多名四至十八歲的孩子問起雙親使用手機的習慣，而主要的回應都是孩子呈現出某種形式的憤怒、悲傷或孤寂感；接著，還有其他研究顯示出「父母使用手機」與「孩子為了引發注意而有不當行為」之間的關聯性。在孩子搬出去住之後，我們就會有很多時間滑臉書，而且，這一天會比我們意識到的還要快到來。

個人

你此時所能做的最簡單、最能改變人生的一件事，就是關閉手機上的所有通知。與其像帕夫洛夫的狗回應鈴聲那樣，去回覆每一次的震動和嗶嗶聲，你不如在想要的時候再看手機。如今，大部分的人查看手機的情況太過頻繁了。我想私下挑戰你戒除數位毒癮（digital detox）。怕了嗎？你可以慢慢來。當你今晚準備坐下來用餐時，請把手機放在其他房間；在你觀賞女兒的足球比賽時，請把手機留在車裡兩個小時；晚上九點後，不查看工作簡訊；別當著孩子的面查看手機。很快地，你就會準備好在整個週末戒除手機的癮。

譯注

1 Snap 條：近年歐美流行的行動應用程式，藉由向好友傳送照片或短片進行聊天，並能設定觀看照片或短片的時間，「閱後即焚」（burn after reading）是其最大的特性。用戶會與好友建立起條紋（streak），其中包含雙方已連續聊天的天數等。若是條紋上出現漏斗圖示，即表示對方未在二十四小時內回覆，並且逾時仍未回覆的話，該條紋就會自動斷裂，得重新建立好友關係。

2 蓋瑞・鮑爾斯：於一九六〇年駕駛美國中央情報局 U-2 偵察機飛經蘇聯領空執行偵察任務，後經蘇聯擊落並被俘入獄。

3 歐記健保：又稱「歐巴馬健保」的「平價醫保法」（Patient Protection and Affordable Care Act），是前美國總統巴拉克・歐巴馬（Barack Obama）當政八年以來的主要政績之一。

4 口語處理器：金凱德借用影像編輯軟體 Photoshop 之名，自創出 Verbal Photoshop，戲謔意味濃厚。

5 價值主張：公司或企業的業務或行銷聲明，概括陳述顧客之所以應該購買該公司產品或使用其服務的原因。

6 帕夫洛夫反應：源自俄羅斯生理學家伊凡・帕夫洛夫（Ivan Pavlov）。他曾經對狗的唾液分泌情況進行研究，並發現在每次餵狗之前發出某種固定的聲音（比如鈴聲），在經過一段時間以後，狗只要聽到鈴聲，就會開始分泌唾液，消化液分泌量也會開始增加。

第3章

不設規定

我正盯著我的費用支票（expense check），[1]上面大概少了四美元。鐵定是我在送交支出報告時加錯了。

我抽出了記錄一個月下來的里程數、食宿費及辦公用品費的原始表格，再把每一行加總一遍，總數似乎沒錯。

這是我第一次記錄支出費用，並在核銷後取得支票。就在一個月前，我出售了自己的公司，如今在這家併購了我原有公司的新公司裡，擔任副總裁兼合夥人。也許是我填錯表格了，還是我沒弄清楚公司的支出是怎麼一回事。我旋即發了一封電子郵件給財務長，讓他知道我支票上的金額並不符合我送交的總數。我並不在乎那四美元，但我想確認自己是不是哪個環節弄錯了。

財務長也是這家公司的合夥人，他才剛付給我一百多萬美元、買下了我的那家小公司。結果我收到了財務長的回信，信裡寫道：「我減掉了四・三四美元，因為我們不准職員購買便利貼。」

什麼？他還真的逐一檢視我購買辦公用品的收據，然後再把便利貼的費用扣掉喔？便利貼到底有什麼問題啊？我回信寫道：「為什麼？」

他回覆道：「浪費支出。把一般用紙裁成小方格還比較便宜。」

即便這件事發生在十五年之前，我仍舊記得自己當下的感受。那就是我很確定，我並不覺得自己像是這家公司的副總裁或共同所有人。我的意思是，我連選擇辦公用品的權利都沒有。

我不是唯一因為報帳的規定而感到訝異的人。另一名行政主管的公司最近同樣遭到收購，他也發現到自己在出差時加點啤酒搭配晚餐，因而導致自己的費用支票少了五美元。此事發生後，他才得知公司的政策是不能核銷含酒精飲料。你可以買五美元的奶昔搭配你的晚餐，但是買五美元的啤酒就是不行。

這件碰巧發生在我身上的事，很快就傳遍了全公司，而且被稱為「便利貼爭論」。但這其實和小小的自黏紙張無關，也和啤酒無關，卻和規定有關。

當這家合夥的公司最後要檢視並重擬內部政策（詳述如下）時，資深的領導階層很快就分成兩大陣營。我們認為他們是「總部裡那些遙不可及的龜毛上司」，他們則認為我們是「揮霍無度，不把結餘放在眼裡的奢侈鬼」。

不完善的規定，起初都是立意良善

大家都能不假思索地說出自己在職場上曾遭遇到的無數「笨規定」，但沒有人會故意去立下笨規定。無論立下規定的是誰，他們鐵定深信自己這麼做全都是為了組織好。因此，所有的規定究竟是從哪兒來的呢？

假定當初立意良善，那麼執行這些規定的目的，應該是為了維護品質、高度的績效和水準，同時也為了降低風險。

你決定自己創業。你自己是一號職員，沒有別人，所以你不需要規定。沒錯，你能辨別是非，並且相信自己的決定。

一年後，你的公司蓬勃發展，如今有十名職員直接向你匯報、接受你的管理。你還是不需要規定，因為無論你一時興起怎樣的念頭，你還是能夠自行雇用、培訓、輔導並管理所有的公司職員。我還記得自己在帶領十名團隊成員時，根本沒有什麼正式的「規定」，但每個人就是知道，我希望他們在辦公室電話響到第三聲之前就接起電話；除非客戶來訪（這時我們會穿西裝），否則穿著休閒沒啥大不了的；另外，我們還會等到下午三點之後，才接二連三、馬拉松式的玩起「毀滅戰士II」（Doom II）的射擊遊戲。

你的公司持續成長，如今你擁有一百一十名職員；直接向你匯報的仍有十名，但你的這十名直屬部下，如今每一個都已經是帶領十幾個人的經理了。你的客戶、產品和風險也都同時增加。需要你注意的人事物太多，你再也無法自行雇用、培訓並親自輔導每個職員了。

突然間，你留意到了令人厭惡的事。安琪拉寄出的提案書有錯字。「怎麼這麼馬虎！」梅出差時付了七百美元在麗思卡爾頓高級酒店（Ritz-Carlton）住了一晚。「真是浪費！」大衛在客戶來訪時穿著口袋工作褲、涼鞋和夏威夷風格的休閒衫，然後襯衫腰部以上的鈕釦還沒扣。「太不敬業了！」

因此，為了確保這些事不再發生——以維護品質——你發了一封電子郵件幫助大家，內容如下：

大家好，為了維繫品質、專業度並保有利潤，我在此發布幾項規定。

所有提案在送交客戶之前，都得經過朵莉絲校對。

出差時，你得入住六號汽車旅館或更便宜的飯店。

服裝儀容：禁止穿著露趾鞋、短褲、沒扣鈕子的襯衫。

即便立意良好，即便這些規定看似多麼合理，我們都知道下場會如何。很快地，你的公司丟了一樁生意，因為朵莉絲請了一週的病假，沒有人可以校對提案的錯字。明尼蘇達州杜魯斯市（Duluth）的六號汽車旅館客滿，由於你的職員無法多花十美元入住隔壁的「超級八汽車旅館」（Super 8 Motel），所以他花了兩百五十美元租了一輛車，然後開四個小時才找到有空房的六號汽車旅館。噢，你的經理現在還會四處走動、檢查每個人的鞋子，並且和同仁爭論起襯衫或罩衫上方有幾顆沒扣的鈕釦是否本來就是「不扣的」。

政策和規定是公司成長時的自然現象。此時，業務變得更繁雜、新進職員的素質容易下滑，就連和領導階層的溝通也會變得更困難。甚至在小公司裡，相關規定也會本著上下一貫的精神大幅遽增，以做為將執行長的理念或標準制度化的方法。而在大公司裡，為了防止或降低發生訴訟的風險，政策和規定則會如雨後春筍般暴增。

專攻就業法的法律事務所廣為宣傳的訊息，就是公司需要更多的政策和契約。有一家法律事務所在網站上寫道：「利用每一種可能的資源，保護公司免於可能的訴訟，這對每位雇主來說才是最好的。而職員手冊就是一種能夠協助雇主為這類說法進行辯護的工具。」諷刺的是，大部分的職員手冊篇幅極長，長到就連人力資源部門也無法告訴你，裡面究竟寫了一些什麼。

規定會降低責任感

領導大師暨我的私人顧問比爾・埃里克森（Bill Erickson）常說：「每一項規定都剝奪了選擇的機會。」隨著越來越多的工作受到流程、政策和規定所制約，職員越來越不覺得「持有」（ownership）自己的工作，情感上的承諾（emotional commitment）也隨之衰減。人們的選擇越少，決定的機會越少，就越會認為這是你的公司，不是他們的公司。

麥克・沙舍夫斯基（Mike Krzyzewski）自一九八〇年以來就擔任美國杜克大學男子籃球隊（Duke Men's Basketball Team）的總教練。綽號「K教練」（Couch K）的他，帶領杜克男籃隊贏得全美大學體育聯盟（NCAA）籃球錦標賽的次數，要比歷任教練都來得多，而他率領球隊奪得冠軍的次數更是僅次於美國加州大學洛杉磯分校

（UCLA）的傳奇教練約翰・伍登（John Wooden）。[2] 然而，沙舍夫斯基認為自己不像是籃球教練，反而比較像是碰巧參與籃球的領導者。在他的五本著作、廣播節目，還有向大公司進行的演講中，他都不斷地重覆一項主題，那就是領導者應奮力地讓球員就像教練那樣關心自己的團隊。

關於規定，沙舍夫斯基深信：「太多規定會阻礙領導力，而且只會侷限你的價值觀……人們立下規定，以防做出決定。」再者，一如沙舍夫斯基在接受「冠軍教練網」（Championship Coaches Network）訪問時，曾告訴運動心理學家葛雷格・達爾（Greg Dale）的，他堅稱有一種危機，那就是：「你會成為規定的管理者，而非領導者，因此，第一要務就是不要規定太多。」

潔西卡（Jessica P.）曾經告訴我，她遇過一名不讓她自行選擇書寫用具的上司：

> 我曾任職於醫療機構，並在一名女主管下面工作。這名女主管認為，一切文件都得用一種特定品牌的黑筆書寫才行，並且深信此事眾所皆知、人人也習以為常，算不上是她所立下的規定。結果，凡是看起來不是用那種特殊墨水所寫下的內容，她全都要我重寫，同時她還拒絕去為辦公室添購這類的筆。這項規定令人相當沮喪，讓我著

實懷疑自己是不是選錯工作了。倘若你以為我在醫療機構中是負責開立處方或填寫病患照護表之類重大的事，那麼我告訴你，不是，我所在的是行銷部門，而且我寫的內容僅供內部使用。

同樣地，規定和流程也會剝奪人們自願去做好事的機會。蘿倫（Lauren）是亞洲一所國際學校的老師，她和我分享以下這段故事：

學校的行事曆中排定要舉辦國際春季園遊會。學生和家長都會齊聚一堂、設置攤位，並展示自己國家最拿手的食物，是一年一度的盛事。園遊會裡處處設有攤位，手工藝、撈金魚、充氣城堡……凡是你說得出來的，應有盡有。身為學校的一分子，我真的很期待自願去幫忙，並偕同先生、孩子共襄盛舉。

於是，我們做好了一份文件，大家傳閱，這樣所有的攤位都會有人認領。結果，學校的行政單位居然訂了一項笨規定：「大家至少得要自願幫忙兩小時，我預期每個人都會到場。到時我會盯著大家，還會確認。沒錯，你可以不用來，但我若注意到你沒照做，到時可就難看了。」這一打擊，讓我們享受這一天的美好興致立刻被破壞殆盡。行政單位剝奪了選擇的權力，讓當天變得無聊至極、宛如額外的加班日，於是我們在履行義務之後便紛紛踏上歸途。一項笨規定一如往昔對士氣造成了極大的影響，此事還真是耐人尋味。

一旦事情變成強迫性的，它便剝奪了參與選擇的那份驕傲和樂趣。管理階層又再次出乎意料地反「勝」為「敗」。

規定是為了防範少數人而折磨多數人

規定的另一個問題，在於你為了防範少數人，而降低對多數人的信任並徒增他們的麻煩。尼克在澳洲擁有一家自己的公司，他向我分享的故事充分闡述了這一點，結果自己還成了制定「笨」規定的那個人。他說：

我在三個團隊中雇用了十名職員，他們全都能用筆記型電腦執行日常業務。於是，我訂定了一項嚴禁在那些公用筆記型電腦使用個人電子郵件、社群媒體等等的技術政策，通知大家後，再以我無比的智慧，在每部電腦上安裝各種監控軟體，以確保眾人恪守這項政策。

有鑑於這些監控軟體「太過熱心」，不但阻絕了社群媒體的應用程式，也阻擋了其他所有的一切：更新標準軟體被擋，必要網站被擋，就連其他工作相關的應用程式也通通被擋。最後每件事都變成需要我的「管理者密碼」，員工才能繼續進行，導致我和員工白白浪費了許多時間，根本就是一場產能的悲劇。

海蒂（Heidi）寫信告訴過我一則類似的故事，內容是關於公司的規定在試圖防範那些犯事的少數人時，也妨礙了整個部門正常辦公。她解釋道：

我們整個部門都專注在新興的客服數位科技，但大家在連上辦公室的網路時，無法使用任何社群網路，或者進入類似 Slideshare 的網站。為了進入那些我們過去常常用來做研究的網站，我們得要向資訊系統組求救，並取得主管對這項要求的許可。由於我們真的需要進入網站才能工作，這種做法真是既過時又適得其反。

規定注重的是活動，而非結果

規定的第三個重大問題，在於人們總是在活動上實施規定，但「結果」才是最重要的。這是很常見的管理疏失。舉例而言，公司為了確保職員全天候都認真工作，常會立下有別於居家辦公的規定。只不過，誰又知道員工不是正坐在小隔間裡用電腦玩接龍、拿手機滑臉書，就是跑去躲在洗手間呢？

雪莉（Shelley）是一名房地產專家，她和先生一同居家辦公，並帶領著一組房地產團隊。他們的上司為了教導客戶服務，會在溝通時無意流露出對下屬的不信任，導致員工難以投入。

我們的上司堅持大家要在一個小時內回覆她所有的電子郵件、兩分鐘內回覆簡訊，還要立即回電。每週七天，每天從早上七點到晚上十點，向來如此。她的理由是：她想要我們養成這種習慣，這樣我們回覆客戶時就會一樣快。她只是在極盡所能地支配大家而已，所以我覺得這樣很糟。我們不是那種會敷衍客戶的人，我們回覆得非常積極，可能根本就是工作狂好嗎？但對微觀管理的上司而言⋯⋯那只會讓我們覺得她只是等著要對大家嘶吼（她的確會這麼做）。她同意我每週日休假，卻堅持要我先生替我回覆電子郵件。

資訊專家安德魯・庫魯克斯坦（Andrew Crookston）分享了他個人有關規定的經驗，還有他向反對規定和政策的顧問所學到的一些經驗。庫魯克斯坦表示，很多軟體公司都對於需要透過測試腳本來進行品質檢測的程式碼比例，設有全面性的規定（而非信任軟體工程師會決定測試程式碼的最佳方法）。舉例而言，可能會有一項規定是：在你所寫的程式碼中，有八十五％需要經過自動化的檢測。結果，就會有許多早已測試過重大風險區的軟體工程師，浪費時間寫不必要的測試腳本，才能符合八十五％的規定。

太多規定會招致太多謊言

美國陸軍要求連長每年要讓士兵接受兩百九十七天的法定培訓，即便可以培訓的日子僅有兩百五十六天。美國陸軍軍事學院的一份研究指出，「隨著高層司令部急著要把每個優秀的點子全都納入培訓，所有法定培訓命令下必須達到的總培訓天數，實際上就會超過可行的總培訓天數。」但指揮官都會呈報「遵示辦理」；「抗命」不會是他們的選項。

怎麼會這樣呢？

退役陸軍軍官倫納德・沃（Leonard Wong）和史蒂芬・格拉斯（Stephen Gerras）曾發表過一份很耐人尋味的研究，名為《自欺欺人：職業陸軍的不誠實》（*Lying to Ourselves: Dishonesty in the Army Profession*）。即便受訪的陸軍軍官不會使用「撒謊」（lie）這個字眼，但他們的確坦承自己會藉著「發揮創意」，下令一名士兵重覆替部隊裡的每個人接受線上培訓，以及實際上沒做卻仍填寫表格和報告等方式，例行性地達到他們被要求的標準。有一句常用的說法是：「我們揮筆竄改它。」

令人好奇的是，資深的領導階層似乎覺得這並無大礙。當一名軍官被問起他相不相信自己麾下的單位都在呈交假資料時，他居然回答：「當然，從前我在底下時也都是這樣的。」

即便在例行清單上作假、撒個小謊，看似無傷大雅，甚至還帶了點娛樂效果，但這種事要是發生在戰場上，就沒這麼好玩了。有軍官敘述過下列的情況，例如偽造存貨短缺以獲取額外的設備、捏造伊拉克選舉期間投票所的檢查內容、竄改協力作戰夥伴的備便評估（readiness assessment），甚至是丟失原本打算用來支援當地群眾的鉅款。

即便軍中不實的行為如此氾濫，但倫納德・沃和史蒂芬・格拉斯卻雙雙堅稱，軍隊中的軍官仍恪守著他們一直以來的自我認同，亦即自己是「高度重視廉潔的誠實者」。受訪的軍官表示沒人會在重要的事情上作假，藉此為自己不誠實的行為開脫。至於被賦予這麼多的要求，他們的疑問則在於：「你們究竟需要這個做什麼？」

如今，陸軍軍官從上到下都在玩這種遊戲。為了因應某種危機、國會的要求，或是回應某一位將軍突如其來的念頭，軍中便會實施規定，但正因為不可能樣樣符合規定，士兵於是「揮筆竄改」資訊並繼續下去。而那些蒐集資訊的人，就這麼把資訊呈報給一層又一層清楚這些資訊的合法性有待質疑，同時深信這麼做在未來無足輕重的指揮官。

部隊間與任何組織中所面臨的危機，就在於道德可能會促成滑坡效應（slippery slope），一旦惡化，便一發不可收拾。每個為不真實的某項事物簽核的簽名、每張透過紙本才能完成的清單、每次作假的合格聲明，套句前述作者的話，都可能導致人們變得「道德麻木」。在小地方通融，久了便可能招致人們在過失、行為或成果等更重大的事情上，公然撒謊。

生活在「無規定」的組織

「規定」是一種資深管理者自遠方掌控細節、進行微觀管理的方法，基於防範公司「遭逢超低機率的風險或損失」之本意，卻無可避免地剝奪了員工的權利，也使得創新、創意和冒險的情況銳減。由於員工欠缺對公司的持有感（ownership），也會變得士氣低迷；沒人喜歡被挑三揀四。

你的最終目標是員工都能做出妥善的決定。為了達到這一點，員工就必須對於那些決策具備持有感及責任感。公司內部的個人在思索決定、準備因應的同時，他們也在培養那種持有的心態。

你所需要的，是一種授權員工做出妥善決定的架構。所以，我很諷刺地在此提出一些會讓其他規定顯得多餘的規定。以下是我的「規定置換法」。

規定置換法之一：雇用對的人

「網飛」（Netflix）公司是近二十多年來廣為人知且極為成功的案例之一。網飛成立於一九九八年，從「電子郵件租賃DVD」（DVD-by-mail）起家，如今成了擁有三千五百名職員，並從八千一百萬名訂閱線上串流服務的用戶，創造出每年營收超過七十億美元的公司。沒錯，該公司不僅提供串流服務的內容，還陸續出品《怪奇物語》（*Stranger Things*）、《勁爆女子監獄》（*Orange is the New Black*）和《王冠》（*The Crown*）等你所鍾愛的線上影集。

所以，網飛持續成功的關鍵為何？一家公司如何成長得如此快速、數度改變商業模式，同時保有死忠的顧客群？

切記，公司在成長的同時，相關規定理應負責維繫品質、保持穩定，同時確保利潤。但在網飛，讓他們成功的不是管理階層所實施的規定，而是他們根本沒有規定。

倘若你熟悉科技新創界，很可能聽說過「網飛文化集」（Netflix Culture Deck）及其傳奇般的影響力。臉書首席營運長雪柔・桑德伯格（Sheryl Sandberg）將這份簡易的簡報投影片稱作「來自矽谷最重要的文件之一」，迄今它在全球已經達到數百萬次的點閱率。

網飛的領導者在這份著名的簡報中，解釋了傳統上對於「規定」的邏輯，還有它會在短期內減少錯誤的好處。但這份文化集緊接著教導大家，假以時日，「注重過程」（process-focused）的文化便會趕走那些績效優異、公司想要留住的職員，同時市場一旦因為新的科技、競爭對手或商業模式而急遽變化，那些由規定驅使（rule-driven）的公司便會措手不及，而把顧客拱手讓給適應無礙的競爭對手。在這種環境下，運作遲緩且規定導向（rule-oriented）的公司，便會「痛苦地被輾成粉屑，不但逐漸失去影響力，顧客也不再在乎」。

網飛在第一張投影片中便對其文化及競爭優勢做出總結：自由與責任。

網飛堅稱，企業應該明確著重兩大面向：

1 投資在雇用績效優異的職員。

2 建立並維持一種文化，亦即獎勵績效優異的人，並淘汰績效持續不佳且未見改善的人。

網飛的領導者深信，做事負責的人是每家公司都想雇用的，不但值得享有自由，更會因自由而茁壯。企業要打造出一種環境，讓這些人不致受到數不盡的規定所約束，這樣反而能讓他們成為更棒的自己。

把這種信念訴諸文字並充分表述它的含意，便孕育出了一連串前所未聞的人力資源創新行為。舉例而言，思考一下網飛的「無限制休假政策」。與其建立起正式且既定的休假政策，網飛決定讓受薪的職員盡情休假。（計時人員的休假政策則比較有條理。）然後公司會提出一些守則，比如說：會計與財務部門的職員在每季一開始或結束前不得請假；再者，想要一口氣休假超過三十天的人，得先向人力資源部報告。

網飛公司也按捺住他們想把任何形式的正式出差和支出政策，全都制度化的衝動。根據網飛前人事長珮蒂・麥寇德（Patty McCord）指出：「我們決定只要求大人般的行為……公司的支出政策只有八個字，那就是『怎麼做對網飛最好』。」公司期待職員在花公司的錢時，宛如公司就是自己的，而且凡有機會就撙節開支。

結果呢？公司省錢的方式，就是讓職員自行上網預訂行程，因而不必委託並支付旅行社辦理此事。

沒錯，學習曲線依舊存在。據麥寇德所說，經理有時需要和「上豪華餐館」的職員談一談（在那裡用餐，對於推動業務或招募新血來說沒有問題；但若獨自一人或與同事一起就不適合）；同樣的，資訊部門的成員也可能傾向購買不必要的小配件。但麥寇德證實，這個方案整體而言相當成功，而且至今仍在實施。

網飛之所以能夠真正推動「無規定」（no rules）並實現其高度信任的文化，就在於他們在「雇用員工」上比別人花了更多心思。麥寇德曾於二〇一四年一月為《哈佛商業評論》撰寫專文，她在文中針對這項原則為何如此管用做出總結：

倘若你很小心地雇用那些「把公司利益放在第一」、「瞭解並支持公司渴求高度績效的工作環境」的人，就會有九十七％職員去做正確的事。大部分的公司是花上數不完的時間和金錢，去撰寫並強化人資政策，好應付剩下那三％可能引發的問題；但是我們努力試著不去雇用那些人，如果我們一雇用他們就發現錯了，會馬上要他們走人。

你要如何在職場上運用這項原則？問一問自己下列的問題：

▼你如何在雇用流程上投資更多的時間和金錢？

▼你如何評估你的經理？是透過建立起優秀的團隊，還是符合規定並準時呈交所有的報告？

▼你正在營造哪種文化？這種文化是被設計成讓績效優異的人在將來成長茁壯，還是被設計成防範績效不佳的人？

▼經理是否不願解雇績效不佳的人？為什麼？

你的員工品質越好，未來你就越不可能需要規定。如麥寇德所言，你應該「只雇用、獎勵並容忍成熟的大人」。

規定置換法之二：要人們對結果負責

責任感會比規定更強而有力嗎？

我還記得自己在肯耐珂薩公司（Kenexa）工作時，曾和先前的夥伴非常努力地增加不同部門間的「交叉銷售」（cross-selling）。在大型組織中，要業務員跨部門分享線索和客戶的訊息，是很常見的問題，而且人人皆知這難以達成。我們完成了所有例行事務，像是舉辦「高峰會」刺激人人交叉銷售、相互針對所有產品或服務進行訓練，並要求（即規定）每次都要準備好用來輔助交叉銷售產品或服務的推銷行話，才能登門拜訪客戶。當然，結果沒有任何改變。第一線的業務員都說他們的確在推銷「新」服務，但成交量就是不見起色。

於是，總裁決定要我們（業務單位主管）為交叉銷售真正負起責任。他既沒實施新的規定，也沒要求更多的培訓，只是做了一件簡單的事。他告訴我們：「我期待你們的團隊交叉銷售他人的產品或服務，然後你們的年終獎金，百分之百會和你們銷售多少金額有關。」百分之百！做為一家職員皆因變動的薪資計算方式而茁壯成長的組織（亦即我們的固定薪資相當低，獎金、傭金相當高），這就意味著我們全年度的薪資大約有二分之一會與銷售物品給他人的結果有關。我可以名符其實地替自己的業務單位增加一倍的營收，但我若未銷售其他人的產品或服務，我那一年就連半毛獎金也拿不到了。突然間，人人都在交叉銷售所有一切。這下子問題解決了！

本章一開始，我描述了某位財務長如何藉由禁止購買便利貼，來試著控管支出。倘若只是設定每個人（依職位而異）每季擁有多少購置辦公用品的預算，並讓人們為遵守預算規定而負起責任，這樣會不會比較好呢？而且我們若能獎勵那些將支出控制在預算以內的人，這樣鐵定更好。

你要如何才能結合輔導和責任感？與其硬性規定「不得飲用啤酒」，財務長若是在某人報支伙食費時似乎超出預算，把他標註起來，並與他展開輔導性的對話，那會怎麼樣呢？或許他就能合理說明這項支出為何這麼高（如「當時我在曼哈頓，工作了一整天，午餐沒吃，一直到晚上，而且只剩下客房的送餐服務」），或許他根本就無法合理說明（如「什麼？晚餐喝個四罐啤酒太多？」）。但這樣的對話，將會強化公司對於支出和專業行為的期待。

與其實施規定，不如透過賦予團隊做決定的權利，並由其承擔後果，以尋求建立責任感的機會。

規定置換法之三：提供守則

在談到無規定的領導時，凡是沒有提到李卡多・賽姆勒（Ricardo Semler）這一名有遠見的巴西企業家，就不算完整。賽姆勒是塞氏企業（Semco）前總裁暨執行長，他在二十年內，帶領該公司從營收四百萬美元增加到一・六億多美元。所有的一切都是在沒有企業宗旨、組織結構圖，或是任何明文規定的政策下辦到的——肯定也沒有規章手冊。

所以，塞氏企業成功的關鍵為何？人們可以說，是由於賽姆勒在任內引進極端的產業民主（industrial democracy）所涵蓋的諸多特色。但賽姆勒本人在二〇一四年全球科技娛樂設計大會（TED Global）的簡報中對此概述如下：

我們在細看之後說，移交給這些人吧！給這些人一家剔除所有寄宿學校規定的公司，例如你要幾點到、你該怎麼穿、你該怎麼開會、你要這麼說、你不要這麼說，然後我們看看還有什麼沒提到，通通剔除。所以，我們當時提出的問題是，如何照顧人們？人們才是我們唯一擁有的。

要授權給人們。

賽姆勒透過一些非正統的方式下放權力。比如說，他讓員工設定自己的薪資。超過二十五年前，賽姆勒就已經在公司的自助餐廳放了一部電腦，上面可以查到公司正在賺進多少營收、該營收帶來多少邊際利潤、公司內部的職員賺了多少，還有類似職務的職員又賺了多少。在具備上述資訊後，職員就能設定他／她自己的薪資。那麼，人們是否會付給自己相當荒謬的金額呢？不，以上的公開資訊與同儕壓力，讓薪資維持在一般的產業水準。

這只是諸多案例之一。賽姆勒還拒絕設職員既定的工作時數，職員甚至能夠自由地在「一週的工作時間內」請假去看足球賽。此外，大部分的會議都是自願參加，然後董事會會開放兩個座位給最先到達會場的職員入座。（賽姆勒坦承，清潔婦有時會在他的董事會上投票。結果呢？他們「實話實說」。）

還記得我列舉在肯耐珂薩公司的例子，指出公司的合夥人不得在晚餐時買啤酒喝嗎？與其立下「無酒精」的規定，倘若有一條守則是類似：「出差並獨自用餐時，我們試著把每日的伙食費維持在三十五美元，當然，若是你的花費低於這個金額，我們很樂於與你分享省下的餘額」，結果會如何呢？

與其實施差旅補助的規定，倘若有一張公開的試算表「陳列出」每個人每月的花費，結果會如何呢？想像一下，當你看到多數人每日出差的伙食費只花了二十五美元，但你每日卻平均花了五十美元時，那種同儕壓力的力量。倘若公司表揚前二十五％花費最少的人，或者贈予他們禮卡以表謝意，結果會如何呢？隨著人人逐漸提升對公司的持有感，支出會不會也面臨根本性的減少呢？

「規定」在本質上會釋放出一種訊息，那就是別人無法信任你會去做正確的事、智慧的事。規定就是規定，沒有人能夠違反規定，但守則會被視為一件截然不同的事，實際上也真的是如此。守則是有教育性的，它傳達出一種訊息，那就是「以下是我們在多數情況下認為正確的事，但行事之前，請以『怎樣對公司最好』為考量」。

也許你不願意，或者無法把規定削減到賽姆勒的程度時，倘若你對職員就是缺乏信任，那麼他們還能為你帶來什麼？（沒錯，一粒老鼠屎會破壞一鍋粥，偶爾一個壞傢伙，也就是雇用到不良員工，將會引發必須解決的問題。）你得自問下列的問題：

- ▼我願意授權給團隊成員做什麼決定？
- ▼他們希望我授權給他們做什麼決定？
- ▼為了做出正確的決定，他們需要掌握什麼資訊？
- ▼我們如何將「政策」變成「守則」？

一如賽姆勒於一九九四年在《哈佛商業評論》所寫的專文內容，「『參與』會讓人們掌握自己的工作，『分享獲利』會給予他們做得更好的理由，『資訊』則會告訴他們什麼管用，什麼不管用。」

規定置換法之四：標準與價值，而非規定

切記，「規定」會剝奪職員做決定的機會。我的友人傑克・科羅伯（Jack Kloeber）是全球決策分析（decision analysis）的首席專家之一，從前是陸軍軍官及製藥業行政主管的他，目前帶領克羅麥特公司（Kromite），向大公司提供如何客觀地做出策略性決策的諮詢意見。因此，我要求他向我這樣的普通人解釋「決策分析」。

令我驚訝的是，科羅伯說，做決策時，其實就是在弄清楚自己的價值觀。你得要分析自己能做的不同選擇，而且這是與「什麼對你最重要」有關。你應該接受那份薪資較高，同時通勤較久的工作嗎？當然，你重視金錢，也重視時間，但你有多麼重視這份具體的加薪？這份加薪在稅後還有多少價值？長期利滾利之後又有多少價值？你的生活會因額外的收入而有什麼變化？通勤時間變長之後，你就不能再做什麼事？你是不能再看網飛，還是不能再哄女兒入睡？你要如何更妥善地面對這兩項價值？

你未來的雇主會讓你一週居家工作一天嗎？既然你的收入增加了，那麼另一半的工作就能輕鬆一點嗎？

在本章一開始，我曾跟大家分享K教練沙舍夫斯基鄙視規定的事。既然這樣，他都做什麼來取代規定呢？他在著作《黃金標準：打造世界級的球隊》（*The Gold Standard: Building a World-Class Team*）中提到：

> 在培育團隊時，我不相信規定，我相信標準。規定不會促進團隊合作，但標準會。「規定」是由領導者發布給團隊的……當某事以「規定」的方式呈現，你既無法擁有，也無法靠它過活；但另一方面，你可以靠標準過活。這才是我們一直都在做的，也是我們要對彼此負責的事。

更重要的是，標準來自球員，而非教練。無論K教練帶領的是由NBA所有明星球員組成的美國奧運籃球隊，還是年輕的大學運動員，他都會和球員們促膝長談，並要求他們建立起人人都將遵守的標準。如此一來，這些項目才會變成團隊的標準，而非教練的規定，未來他們才會更努力地為彼此負起責任。

迪娜・杜瓦爾・歐文斯（Dina Dwyer-Owens）是杜瓦爾集團的共同主席，該集團擁有十一家品牌的特許經銷權、年收入超過十億美元，而她把該集團成功的關鍵歸因於強大的價值。在接受〈LEADx 領導秀〉的訪談時，杜瓦爾・歐文斯表示，大部分的公司都會擇定某些價值卻又忽視它們，但在杜瓦爾集團，這些價值被視為工具。

> 讓它變成你和組織的一種生活方式。我們會想出這些營運價值（operationalized value），是因為它們不僅是尊重、誠實、顧客至上，以及開心就好，也是我們期待自己如何營運、彼此之間如何營運的具體標準。

她分享了一件職員朝著同事怒比中指的案例。杜瓦爾集團對於在不爆粗口或挖苦他人之下，相互尊重地進行溝通，訂有明確的政策。公司後來向犯事的職員提出勸告，結果幾個月後，她就自行請辭了。強大的文化往往會自我強化（self-reinforcing）。

要點

人們之所以實施規定、政策和程序，都是出於「把風險降到最低」（主要是財務損失）的良好立意。由於身為領導者的我們難以無所不在地監看每個人，所以實施規定，來防範支出及時間上的浪費，還有品質上的低劣。

為了防範少數人（根據網飛公司，約莫有三%）做出糟糕的選擇，我們正在剝奪團隊成員中九十七%的人能夠反映公司價值、培養決策技能，並且深化持有感及責任感的機會。與其立下規定，領導者必須雇用信得過的人才、力行公司價值、制定守則，並且願意輔導那些不小心犯錯的人。

各類職務者的運用方式

經理

把團隊找來吃披薩，並詢問他們對於以下問題的不同意見：「嘿，這邊有什麼規定和政策最讓你感到困擾嗎？哪些規定妨礙到你把工作做得更好？」仔細聆聽。找機會把規定換成守則。若不可能，那麼確保職員瞭解規定背後的目的，還有為何設有規定。主動積極地管理，並針對你認為有害而非有益的規定與政策，要求你的經理解釋其背後的目的。

專業營銷

業務中的「無規則」哲學並不允許你打破道德的藩籬；對客戶和經理誠實，是同樣重要的。不過，你應該努力去瞭解那些似乎妨礙到你的規定其背後的原因。沒錯，把每一名潛在的客戶聯絡人都登錄到客戶關係管理（CRM）系統，的確會花上你寶貴的時間，而且不會為你帶來什麼價值，但由整個營業部門追蹤所有的數據資料，是否有助於業務管理階層瞭解季節性、趨勢以及不同銷售策略的效益呢？至於那些欠缺好「理由」的規定，你就致力於推動改革吧。確保你的經理——你經理的上司，甚至是執行長——清楚每項政策和程序正在花費你多少時間，也讓他們清楚你每週談成交易花費多少小時、進行管理又花費多少小時。

運動教練

從服裝儀容到宵禁，運動團隊的確一直存在著規定的文化。但有沒有更好的方法呢？與其規定，不如要求你的團隊想出一份清單，內容是有關即將協助他們呈現出最佳狀態的標準或行為準則。你要向大家解釋，個別球員的失敗會影響整個團隊的失敗；球員必須對彼此負責。要求球員指定幾名能在需要時協助訓斥或處罰球員的隊長。你要清楚，定義上的規定不容變更、毫無彈性，但標準是條件性的。對於首次輕度違規的人，或許隊長只要警告一下就行；但若是一向都有行為問題的球員輕度違規，或許就需要身為教練的你給予嚴懲。必要時，當個紀律嚴明的人吧——但僅只把這當作最後的手段。

軍官

從服裝儀容、敬禮姿勢，到反光帶及作戰風險管理，軍中用以維持紀律、效益、安全及傳統的規定不計其數。短時間內，這些都不會消失，但對於無從達到的訓練要求，或者達到這些要求將會干預戰備，那麼指揮官就應該在可能的最低限度下，授權他人不完成任務。

父母

冒著聽起來就像那些煩人家長之一的風險，我要說，我的孩子都很棒。這三名成績優異、體能傑出的青少年都彬彬有禮，而且從未錯過任何一次的門禁——的確，他們並沒有所謂真正的門禁。我很肯定自己應該是中了某種「為人父母的樂透」，但我仍要補充，他們在成長過程中面臨的規定真的少之又少。甚至在他們蹣跚學步時，我也不會直接要求他們「不准拉娜塔莉的頭髮！」，而是教導他們「我們不去傷害別人，因為……」這類的價值觀；甚至他們現在要去參加高中舞會，與其直接告訴他們得在幾點前到家，我都會先找他們談一談，等到他們告訴我這場舞會對他們有多重要或多不重要，我才會提醒他們，我要知道他們全都安全到家才能入睡，然後問他們想要幾點回家。而他們提議的時間，通常都比我預設的時間來得早。之後，他們若晚了五至十分鐘到家，不會有什麼大礙，也不會有懲罰，因為這不是規定——這是守則。

讓我補充一下，倘若我的孩子正在重覆做出糟糕的決定、冒著讓自己或他人受傷的風險，或者正在浪費巨額的錢財，那麼，沒錯，我就會有規定。但同樣地，我只會在和他們逐一談過價值、決定及影響之後，才會謹慎並選擇性地立下規定。你立下越多規定，這裡就越會變成你的家，而非他們的家；你的家庭，而非他們的家庭。同時，待在這裡還相當危險。

細想一下你對孩子們立下的規定。你能否把「九點鐘上床睡覺」的規定，替換成有關睡眠要充足，然後何時可以熬夜、何時不能熬夜的對話？你又能否把「不准喝酒」的規定，替換成有關酒精的風險，還有你若發現他們喝酒會有多麼失望的對話，並和他們談論到，與其酒駕，他們應該如何不畏責罰地打電話請你接送？

個人

你是否擁有自己的規定，而且從來就沒意識到這一點？為了找出這些規定，思考一下你「從來不做」或「一直在做」的事。或許你從來不曾與支持不同政黨的對象約會；或許每當你的上司要你加班，甚至猝不及防地在你已經排定計畫的週五晚間突然這麼要求，你總是說好；或許你總是因應他人的要求才捐款給慈善機構。

反思一下這些模式，並且捫心自問：這是不是父母、宗教或社會標準所明確或默默設下的規定……？還是說，這出自於你的價值觀？那麼，你反思過自己的價值觀，並在神智清醒下做過決定嗎？倘若有，那很好；倘若沒有，那麼思考一下自己重覆性的行為和信奉的理念。你會下意識地做出什麼決定？它們是否阻礙你的進步？揭露那些可能在你毫不知情之下掌控著你的潛規則吧。

譯注

1 費用支票：美國的公司在職員送交支出報告、進行核銷後，會由主管檢視相關單據及費用，並於核准後開立支票，讓職員將相關金額存入銀行帳戶。

2 約翰・伍登：美國最具傳奇色彩的大學籃球教練，曾經率領加州大學洛杉磯分校籃球隊在十二年內十度獲得國家大學體育協會錦標賽的冠軍。

第4章

不需要讓每個人都喜歡你

「我得問你一件很重要的事。」布萊德・凱利（Brad Kelley）劈頭就問：「你需要被人喜歡嗎？」

「呃，我想要被人喜歡。」年僅二十四歲的職員丹尼爾・霍頓（Daniel Houghton）回答道。

「我不是問你這個。」凱利說。

霍頓又答：「我不需要被人喜歡。」

「很好，『需要被人喜歡』是一個問題。」

凱利才剛以超低價格收購了廣受歡迎的旅遊情報出版公司「孤獨星球」（Lonely Planet），任命了年輕的霍頓擔任公司總裁。

在美國版的情境電視喜劇《辦公室瘋雲》（*The Office*）中，地區經理麥可・史考特（Michael Scott，由史提夫・卡爾〔Steve Carell〕飾演）針對這個問題給出了非常不同的答案。

> 我需要被人喜歡嗎？鐵定不需要。我喜歡被人喜歡、享受被人喜歡、必須被人喜歡。但這種「被人喜歡」並不像是強迫性的需求，而是像我需要被人讚美那樣。

在我前二十年的職涯中，曾經是像麥可・史考特這樣的人，如今這成了身為領導者的我唯一最大的弱點。請注意：我用的是「如今」，現在式——我又變回了討好他人的人。這是某件我未來一直都得管理，並且得謹慎對待的事。

我曾經是一個無法對員工直言其績效落後的上司。例如，山姆人很好，但他不是我想要的那種獵人型業務的料。他勝任不了這份職務，有整整六個月毫無業績，但我在輔導他時卻仍支吾其詞、猶豫不決。「山姆，你覺得事情進行得如何？」「山姆，我要怎樣才能幫你更多的忙？」「你很清楚我們所有的業務代表在每個月底結算時，都必須達到十萬美元的業績。我們要怎樣才能讓你達成？」當我最後解雇他時，他震驚不已，還覺得很受傷。

還有一次，我只是簡單修改了一下組織圖，就讓情況急遽惡化，搞得自己整整六個月都陷入分心而無法好好工作。起初，我在公司全員大會中提到，我覺得該進行組織重整，以更妥善因應公司持續成長的時候了。結果，這引發了每名職員長期接連不斷地向我提出「有空嗎？」的請求。從「害怕自己的新上司可能是誰」的那些人，一直到「想要建構起自己王國」的上司群，人人都想對我提出意見。倘若這不夠糟，我還在擬好新的組織圖後，與公司大部分的人又開了幾次會，因為我試圖要讓人人都滿意新的規畫。這或許是鍥而不捨地追求民主，卻與「領導」完全搆不上邊。此事所延伸出的干擾分心及時間耗費，可謂相當驚人。

我最懊惱的缺點，就是我以往是那種從不說你壞話的上司，至少當著你的面不會。大家覺得你人真好，直到他們透過薄如紙張的牆面，聽見你在議論他們（吉姆，很抱歉，二十五年後我還是覺得很內疚）。唯一讓我對這種特定的壞習慣感到比較好過一點的，就是傳奇的高階主管教練馬歇爾・葛史密斯曾經在《UP學：所有經理人相見恨晚的一本書》（*What Got You Here Won't Get You There*）中坦承，他自己也有這種毛病。

我們都想被人喜歡

除了罹患嚴重精神疾病的人之外，每個人的內心都具備被人喜歡、被人接受的需求。你遇過有誰寧願被大家討厭的嗎？

美國社會心理學家亞伯拉罕・馬斯洛（Abraham Maslow）針對人類成長和發展的各個階段所提出的需求層次理論（hierarchy of needs）廣為人知。當我們的生理需求（如空氣、食物、水）和安全需求雙雙獲得滿足，就會在人際之間產生從屬的需求（歸屬、接受、情感，又稱社交需求）。這或許是人類DNA中與生俱來的；或許是進化而來的本能。畢竟，史前的穴居祖先若是討厭我們，就很可能一致同意把我們給扔出穴外，讓我們成為劍齒虎的晚餐。

我們的社會相當重視友善及友誼。幼年時，我們被教導要分享玩具、停止爭吵，還有別去拉女同學的馬尾；到了青春期，我們的情緒雷達在高中的自助餐廳裡瘋狂地「嗶—嗶—」作響。我們托著餐盤，目光游移。我該坐在哪一桌？我的朋友在哪裡？要是我跟那群人一起坐，大家之後會不會排擠我？噢，不，結果我居然一個人坐，真是遜斃了！

在工作上被人喜歡（亦即在工作上有朋友）是一件好事，我們都很鼓勵大家這麼做，而且在工作上有「知己」，也與職員高度敬業（engagement）密切相關。這也就是為何許多公司，特別是矽谷那些瘋狂的新創公司，在公司派對、桌上足球、週五免費啤酒日和其他混搭的聯誼活動上，花了那麼多時間的原因。這麼做不只是為了好玩，也是為了聯絡感情。

所以問題何在？

倘若歸屬感和認同感是人類的基本需求，在工作上有朋友也是一件好事，那麼當上司想要跟團隊中的人當朋友，又有什麼問題呢？

這其中的分別很細微，卻很重要。在友情中，你們的關係僅與社會互動本身的愉悅感有關。當你成了上司，你和下屬的關係便與達成特定的目標有關。無論那個目標是達成百萬美元的交易、完成新的軟體模式，或是組裝一千支智慧型手機，你們的關係中只要存有目的，就會改變一切。

倘若你是上司，可以很輕易地說，你和直屬部下是「平等的」，或者你們是同儕。「嘿，我就跟你們所有人一樣，只有工作不一樣。」人們很容易相信你和團隊成員沒有兩樣，你的角色只是輔導他們，但事實上並非如此。

美國海軍艦長班・賽蒙頓（Ben Simonton）曾指揮過多艘艦艇，後來在電力公司擔任行政主管，並帶領數以千計的員工。他直截了當地告訴我：

朋友般的上司？這正是上司可能犯下的最糟糕的錯誤之一。上司所做的每一件事，幾乎都和朋友所做的事恰好相反。朋友不會替朋友決定加薪、培訓、輔導，或替他們打等第。朋友從不批評或糾正朋友。這兩種責任截然不同。

一般而言，經理這個角色擁有開除直屬部下的權力。即便該權力並未集中在一個人的身上，但經理普遍仍對人們的職涯擁有偌大的影響力。你擁有檢視績效的權力、發放獎金或年度調薪的權力，還有在高層面前美言、極力或適度推薦內部人事的權力。就算你們是單純且平等的朋友，無論你希望與否，就是有一種區分出經理和直屬部下之間的權力。當你在行使身為團隊領導者的職權時，「需要被人喜歡」可能會引發特定的問題。

延遲或扭曲的決策

惟有在矽谷，你才有可能成立一家市值超過二十億美元的公司，卻被他人視為輸家。為數眾多的創業投資家和那個圈子的人認為，搜尋巨擘雅虎（Yahoo）的共同創辦人楊致遠（Jerry Yang）就是這樣。他們不是真的叫他「輸家」，而是表示楊致遠對於雅虎的衰敗難辭其咎，因為他「人太好了」。你知道的，這就是用來形容蘋果電腦已故前執行長史蒂芬・賈伯斯（Steve Jobs）、微軟前執行長史蒂夫・鮑爾默（Steve Ballmer），還有亞馬遜創辦人傑夫・貝佐斯（Jeff Bezos）這些知名王〇蛋的相反詞。

他們的論點是，楊致遠早該資遣員工以節省開支，但因為他人太好了，沒有這麼做。他們還說，雅虎在經營策略上混亂不明，它應該是一家媒體公司或是科技公司，但是楊致遠因為無法做出會影響公司一半員工的困難決策，試圖雙管齊下。當微軟及谷歌挾著鉅額的買斷方案前往雅虎謀求併購，楊致遠因為人太好、無法如此對待職員，以致婉拒了雙方。

在迅速變動且競爭對手野心勃勃的科技產業中，批評一家科技巨擘逐漸沒落，似乎有點超乎我的能耐。但我認為，需要被人喜歡或被人喜愛的邏輯，妨礙了你制定決策，這才是真正的重點所在。

創業投資家馬克・薩斯特（Mark Suster）曾撰寫一篇分析楊致遠及雅虎垮臺的專文，他指出：

> 棘手的決策不會總是讓你交到朋友。倘若人人都默認這是個「棘手的」決策，那

麼就會有些人認為，你做了那個錯誤的決策。當這個決策意味著改變某人的權力、財力或聲譽，或是取消某人已經投入了十八個月的專案，你就不會受人歡迎。糟糕的領導者太過想要被人喜愛，於是他們的公司（或國家）飽受折磨。

薩斯特接著準確地描述，在總裁或任何團隊領導者的工作中，有很大一部分是要進行資源分配。資源向來都無法滿足所有的需求。身為總裁，你得要劃分介於業務和行銷，還有介於產品發展和產品服務之間的「預算數」及「職員數」，還得擔任工作上的諮詢顧問，解決大家永無止境的衝突；身為團隊領導者，或許你所做的不是什麼重大決策，但仍得平均地分配稀有的資源。誰要使用那間才剛釋出、裝有窗戶的辦公室？資訊部門送來了兩部新筆記型電腦，但你手下有五名業務代表，那麼新電腦要給誰用？有人得在週末進辦公室完成某項工作，然後沒人自願，你會要求誰自願加班？

那些需要被人喜歡的人（我在這麼說的同時，又再次照起了鏡子）的潛在問題，在於這些類型的決策可能會受到你對「朋友」的個人感受所扭曲，或者因為你試著要人人共同參與決策，所以花了超長的時間才做出決策。

未曾進行棘手的對話

與做出棘手的決策類似，那些需要被人喜歡的經理拖延棘手的對話，是出了名的。無論那種對話是要給予某人建設性的批評，還是得要調解兩名職員之間的爭執，避免衝突都只會讓狀況變得更糟：壓力和緊張加劇、放任事情惡化。經常發生的情況是，優秀的人才將會離開有這種不正常文化的公司。

倘若你不確定自己是避免衝突的人，還是面對衝突的人，請仔細思考下列問題：

▼你多久會向團隊成員提供建設性的回饋？

▼人們工作不合格時，你多半會姑且相信他們，並往好的方面想嗎？（可能只是今天不太順，下次肯定不會再有那些錯字了。）

▼你會等多久才打電話給兩名向來不和的團隊成員，要他們來你的辦公室「坐一會兒」？

▼在評年度考績時，倘若你得要無條件進位或無條件捨去考績的分數，你會傾向哪一種？

▼倘若你和一名團隊成員發生衝突，結果她的回應是哭了起來或向你怒吼，你會有什麼感覺？

要是你能把需要他人的認同，替換成某件更有效、更強而有力的事，那會如何？

瞭解到「絕不會人人都喜歡你」

實際上，需要被人喜歡，甚至想要被人喜歡，這一點兒都沒錯。需要被「每一個人」喜歡，才是問題所在。

以往我會發表演說並在結束時獲得如雷般的掌聲，卻會有好幾天老是想著自己看到第三排的那個傢伙居然睡著了。為了評估自己的管理效率，我還會進行三六〇度調查，並在獲得九個好評和一個負評之後在心裡想著，「那個負評是誰給的？根本就不是這樣啊！」我更會在亞馬遜網站閱讀一百多條針對我個人著作所給出的正面書評，卻會因為人們寫下兩條只給一顆星的書評，感到受傷不已。我甚至想要回過頭來和這些人爭論，或向亞馬遜網站解釋他們為何應該撤下這些不實的書評。

思考一下馬丁・路德・金恩（Martin Luther King）、甘地（Gandhi）、耶穌這些許許多多的偉人，全都有人憎恨他們。他們都很清楚，做正確的事未必是一件受人歡迎的事。

你知道有人憎恨德雷莎修女（Mother Teresa）嗎？有多人指控她提供非必要且輕率的醫療照護（例如未消毒針頭或隔離肺結核的病患）。其他人則聲稱她在回教徒和印度教徒臨死之前，私下對他們施以浸禮（即皈依天主教）。更有其他人對於她和阿爾巴尼亞的獨裁者，即想成為史達林第二的恩維爾・霍查（Enver Hoxha）走得很近，而感到惱怒不已。

你得瞭解，你絕對無法讓每個人都喜歡你或喜愛你。你得從「需要被人人喜歡」，轉變成「有足夠多的人喜歡你，就感到心滿意足」。

你能將「被人人喜歡」的需求，重新構建成「只被一些人喜愛」的需求嗎？你的另一半愛你嗎？你的孩子們愛你嗎？你的雙親愛你嗎？你有沒有一些一起逛街或看球賽的朋友？那樣就夠了！你所需要的就這麼多。

與你無關

你認為，和人人當朋友就是「正確」對待人們的方式嗎？你認為，倘若人們喜歡你，就顯示出你是一名好上司嗎？或許你必須重新構建這樣的想法，並瞭解到「需要人們喜歡你」與你有關，因為這是一種自私的舉動。邁可・希藍（Michael Hillan）是策動訓練學習公司（DriveTrain Learning）的所有人暨董事長。他就像我一樣，在這趟領導的旅程中，有一部分要向「需要被人喜歡」妥協。他在訪談中解釋道：

我一路長大都想要人人喜歡我；倘若有人不喜歡我，我就會覺得很丟臉。我把「讓別人喜歡我」當作個人挑戰，從未真正設法理解我們之間為何會有意見上的分歧。我日常所做的事都是「讓別人喜歡我」，而不是去設法理解。

就是「先設法理解」這個關鍵，才讓我轉換自己的心態，去尋求團隊成員及同事對我的尊重。當一名領導者設法理解他人的觀點、需求和動力時，才能洞察出這個人喜歡如何被人領導。在我的經驗中，這麼做也會讓你之後變得更討人喜歡，尤其當領導者樂於接受人際關係中的這一面。

橄欖球員需要和總教練當朋友嗎？還是說，他們需要總教練鼓勵他們、挑戰他們、糾正他們，好讓他們變得更好？協助他人變成他們所能成為的最棒的自己——即便他們並不喜歡你這麼做——就是一種無私的舉動。

把「需要被人喜歡」替換成「需要妥善領導」

倘若你還沒這麼做，那麼，現在就是反思「你認為是什麼造就出一名優秀領導者」的最佳時機。你領導的價值為何？你對那些領導你的人有何期待？你領導的真理又是什麼？

我所重視的一些價值，諸如透明、真實、公平對待人們、客觀做出決策、關心團隊成員等等，都是我會用來自我衡量的標準，而不是去在意職場上的同仁是否喜歡我。即便人們沒給予回報，我仍會關心他們。

倘若你正在實現你的價值，正在引領你的價值，那麼就隨便他人怎麼想吧。一如美國橄欖球超級盃（Super Bowl）冠軍蓋瑞・布拉克特（Gary Brackett）曾告訴我的：「別人怎麼想我，完全與我無關。」你不必當個混蛋，但你得尊重自己，這一點勝過一切。別擔心人們事後批評你的決定，或者在你背後嚼舌根。你本著自我的價值觀一貫地領導他人，假以時日，也許你不會跟人人都當成朋友，但你鐵定會贏得他們對你的尊重。

嚴厲又溫柔

道格・康納特（Doug Conant）是我最崇拜的總裁領導者之一。當他在二〇〇〇年加入美國知名的濃湯罐頭生產商金寶湯公司（Campbell Soup Company），該公司不但正面臨銷售下滑、市值減少了五十四%，別人還告訴康納特，該公司職員的敬業程度是美國《財星》（*Fortune*）雜誌所評選出全美最大五百家公司（Fortune 500）中最差的。

多數進行企業重整的總裁，都會著重在大刀闊斧地進行變革，像是拋售某些部門或對公司進行全面性的組織重整。但康納特轉虧為盈的計畫核心是什麼呢？一如他向某位財經記者所說的，「為了在市場中勝出……你得先在職場上勝出。我很沉浸在『敬業第一』這件事上。」隨著一季又一季，一年又一年，康納特都一再向職員確認，敬業就是金寶湯的首要計畫之一。

到了二〇〇九年，金寶湯的敬業和不敬業比，達到了二十三比一，各界嘩然。更重要的是，在標準普爾五百指數（Standard & Poor's 500）股價下跌了十%的那十年裡，金寶湯的股價居然實際增加了三十%。

你如何促使公司大幅獲利，卻又同步注重敬業精神？康納特用一句話為他的領導哲學做出總結：「嚴守標準，溫柔待人。」

大多數的經理都認為他們必須是冷靜精明、結果導向的獨裁者，或是和藹可親、以人為核心的僕人。康納特提醒了人們「又」（and）的力量。你無須擇一。你可以既嚴厲又溫柔。你要清楚自己的期望，並讓人們負起責任。倘若蘿拉明白業務人員每個月都要達成五萬美元的定額營收，你還是能在輔導她達成業務的差額且最終有必要將她解雇時，關心她私底下的生活。在堅持有所成果之下，你依然可以善良、有同理心，並且給予支持。

要點

管理大師彼得・杜拉克（Peter Drucker）所言甚是：「有效的領導不在於發表演說或讓人喜歡，領導的定義在於成果，而非特質。」

「力圖讓他人喜歡」在短期之內或許會讓你覺得很棒，但長期下來卻會招致災禍。反之，你應該試著對人們友善，而非力圖和他們當朋友；你應該試著讓人喜歡，而非在意是否被人喜歡；你應該關心同事，同時維持最高標準。

經理

該是誠實反省的時候了。你是否曾經保留直截了當的回饋意見，或者延遲做出棘手的決策？切記，你的團隊需要領導者，不需要多一個朋友。你所在的獨特位置，能夠幫助職員改善績效，並助其未來職涯更進一步。若有必要，就在下次的團體會議中提醒每一個人，標準（你的期望）何在，然後積極尋找讓人們負責的方法。

專業營銷

身為專業營銷，你需要客戶喜歡你嗎？有不少人擔任業務是因為喜歡人群、擅長交際，並能透過社會互動成長茁壯。這是真話。在所有其他條件不變之下，人們寧願向喜歡的人購買東西。但，棘手的對話呢？你是不是為了讓客戶開心，就太快降價？即便客戶已經清楚地變更產品的規格，你是不是慢吞吞地向他們索取更改後的訂單？你要瞭解，你是專業營銷，不是訂單接收員。你得對自己的公司忠心不二。思考一下你最好的客戶。你需要透過什麼方法約束他們嗎？你是否需要重建所謂的雙贏關係？

運動教練

根據我的經驗，大多數的教練都過度扮演驚聲尖叫、威脅恫嚇的角色，但我也遇過一些似乎想跟人人都當朋友的教練。你是否不願意處理球隊中明星球員的不良行為？你確定你是依據球技而非個人喜好來選定開場的陣容嗎？趁著每季一開始，要求球員想出那一年的行為標準。無論你私下覺得自己的球員如何，都要和隊長一起強化那些標準。

軍官

長久以來，我都對軍中的友誼和領導力相當好奇。我明白一同服役的陸軍、水手和海軍陸戰隊士兵，經常會形成一種超乎友誼而更像家人的關係。然而，當其中一名「弟兄」升了官，但另一名沒升，會發生什麼事呢？我的友人，已退役的美國海軍陸戰隊上校約翰．鮑格斯（John Boggs）說：「關鍵在於相互尊重。你若要這麼說也行：那個新來的後輩對這種嶄新的關係非常敏感，於是在階級之間和朋友之間都會保持尊重，那個新來的前輩也一樣。軍中是為了適當的時機和地點，才建立起那種稱呼『姓氏』的關係。有一回，我得要厲聲斥責一個官階比我還低的朋友。結果，當天下班後只剩下我們兩人，我便前往他的辦公室，探頭詢問：『何時去喝我們說好的啤酒？』」

父母

你的孩子也可以是你的朋友，但你要提醒他們及自己，你得先是「父母」才行。你是否讓他們想吃什麼就吃什麼、何時想吃就去吃，如此一來他們就會很喜歡你？你是否讓他們看一整晚的YouTube影片而不必做作業，只因為你不想要他們生你的氣？你要瞭解，現在讓你的孩子快樂，未必就能讓他們準備好像成人那樣因應真實的世界。他們是需要另一個朋友，還是堅定的父母呢？也許是該聊一聊家規，並解釋人人都該再次致力將家規發揚光大的時候了。

個人

即便身為個人，你仍然可以練習自我領導。個人也是周遭人士的領導者——影響者。有言道：教學相長，我們教導他人如何教導我們。你需要讓人們喜歡你到敢於對你惡言相向的程度嗎？你對衝突的恐懼是否阻礙了你捍衛自己的信念？你一向都是妥協的那個人嗎？你要瞭解到，即便意見不和、爭吵或是今晚在哪裡用餐的決定有別，真正的摯友都還是喜歡你，甚至愛你。下次你認為某人正在對你惡言相向時，請牢記你的自尊和價值，再去處理這樣的情況。

第5章

用愛領導

湯姆・考夫林（Tom Coughlin）曾經帶領紐約巨人隊（New York Giants）十二年。他在二〇〇四年加入該隊時，曾以紀律嚴明著稱，人們（鐵定只在他背後）稱呼他為「湯姆暴君」（Tom Tyrant）及「考夫林上校」（Colonel Coughlin）。在他非比尋常的規定中，有一項叫作「考夫林時間」（Coughlin Time），亦即開會時要提早五分鐘到，否則就算遲到。於是，三分鐘前才出現的球員，會因為「遲到」而被罰五百至一千美元。防守前鋒麥可・史垂瀚（Michael Strahan）和跑衛提基・巴柏（Tiki Barber）等明星球員，都毫不掩飾地表露出對這名新教練的厭惡。

一如考夫林在《贏得勝利的權利：各領域的成功如何始自卓越的準備》（*Earn the Right to Win: How Success in Any Field Starts With Superior Preparation*）一書中所言：「過去，我是從父母、從總是手持教鞭對著指節溝通的小學修女那裡，學到了溝通的藝術。」二〇〇六年，在一次毫無勝率、令人沮喪的球季結束後，球隊的管理高層告知考夫林，他不是得改變，就是得滾蛋。結果，令大家驚訝的是，他改變了。即便他依舊維持著那些格外嚴苛的標準，但他努力變得更積極、努力控制自己的脾氣，並努力向球員表現出他其實很關心大家。

這麼做很管用。考夫林年復一年持續著個人的轉型，並且改善了他與巨人隊球員之間的關係。情況在他於二〇一二年第四十六屆美國橄欖球超級盃發表賽前演說達到高潮，他說：「你們教會了我們何謂真正的愛。當你們每週日都使出全力朝得分線進攻，當你們被逼到牆角，都教會了我們何謂真正的愛。如今我敢豪氣地告訴大家，我愛你們，這些傢伙（教練群）也都愛你們。」

紐約巨人隊在該屆超級盃擊敗了新英格蘭愛國者隊（New England Patriots），奪得冠軍，考夫林的轉型也圓滿完成。他的愛得到了回報。一度和他作對的史垂瀚，最後也為考夫林的著作題序：「他從一個冷酷無情、事不關己的人物，蛻變成一個我們誰都不想讓他失望的男人……我要很驕傲地告訴大家，我愛他。」

「愛」這個字

領導者應該愛他的追隨者嗎？

或許你認為答案是否定的；畢竟，在前面的章節中，我才剛提到不應該跟自己的直屬部下當朋友。所以，當我說起必須用愛領導，到底是在說些什麼呢？

人們說，愛斯基摩人用許多字來形容「雪」，而古希臘人至少用了六種不同的字來形容「愛」。希臘文捕捉到了青少年之間突然來電、夫妻結縭許久而對另一半瞭若指掌、摯友之間的友誼、親子之間的情感等差異。

我所提及的那種愛，在希臘文中稱作 Agápē，亦即對眾人無私的愛。這種大愛的概念，正是許多世界宗教的支柱。基督教指的是上帝和耶穌對全人類無條件的愛，並經常引用《彼得前書》（*Peter*）的經文：「最要緊的是彼此切實相愛，因為愛能遮掩許多的罪」（4:8），以及《馬太福音》（*Matthew*）的經文：「要愛人如己」（22:39）。佛教則使用「mettā」這個字詞，來指稱對他人「慈愛」（loving-kindness），它也是佛家關鍵的四大美德之一。[1]

只要你帶著無私的愛，就不會因人們的身分、作為，抑或他們帶給你怎樣的感覺，就不愛他們。你無條件地愛著身為人類的他們；你誠摯、衷心地關心並關切他們的幸福。你把每一名團隊成員都當作「個體」來愛（在工作之外仍擁有生活的個體），而不是把他當作生產機器上毫無靈魂的齒輪工具。

美國賓州大學華頓商學院（Wharton School）管理學教授席格・巴薩德（Sigal-Barsade），針對「友伴之愛」進行研究，並將「友伴之愛」定義為「關注他人」的情感及對他人的敏感度，是一種透過情感、關懷、慈愛與同理心而表達出來的愛，也是一種不會讓人力資源部找你麻煩的東西。

我知道你正在想什麼。「有道理，不過，凱文，耶穌和佛祖不必處理那個天天遲到，而且還會到冰箱裡偷拿大家的午餐來吃的派蒂吧！」或許你很難接受這種想法。要你去愛那個整天嘟噥、抱怨，然後都不做事的人？要你去愛那個最後把咖啡倒完卻不會再煮一壺的人？要你去愛總是讓你抓狂的人？

不過，我居然是從傳奇的籃球教練約翰•伍登身上，才更充分懂得愛人的能力。伍登是一名作風硬派的領導者，他對於球員怎麼穿襪子、繫鞋帶、修指甲和剪頭髮都有規定（與考夫林不同的是，伍登總是會解釋這些規定背後的邏輯），因而惡名昭彰。伍登不是那種會讓人感到愉快的傢伙，但他在《伍登論領導：如何打造勝利的組織》（*Wooden on Leadership: How to Create a Winning Organization*）一書中，致力於用一整章談論愛，並且開宗明義寫道：「我不會一直都這麼喜歡你，但我會一直都這麼愛你。」這對我而言並不容易，但我總是引以為戒。我喜不喜歡你，或你喜不喜歡我，都與此無關。在我們的日常互動中，我將會用愛領導——是誰說領導很容易的？

領導者為何不去愛

自從義大利文藝復興時期的外交官尼科洛・馬基雅維里（Niccolò Machiavelli）於一五一三年寫下《君主論》（*The Prince*），其後五百年來，「受人愛戴，不如受人敬畏」都被視為普遍的領導智慧。傳統的看法（和許多現代的管理者）更是主張你不能跟團隊成員走得太近，或是跟他們有私交，因為這麼做會：

▼削弱勞資關係中對彼此的尊重。
▼妨礙你秉持客觀。
▼使得訓斥或開除他人變得更困難。

即便我並未受過任何正式的管理訓練，但我從長輩那邊獲得的建言和訊息包括：

▼「領導就是演戲。」
▼「你可以試著對職員仁慈，但他們就是會忘恩負義。」

▼「倘若他們認為自己可能被開除，產能就會越高。」

伴隨你一路成長的，可能都是相似的建言。當我在職業社群平臺領英（LinkedIn）貼出這個問題，有許多人在上面分享了他們曾獲得的建言，大多是要在自己和所領導的人之間築起高牆。中小企業業務教練保羅．馬斯契爾（Paul Maskill）在分享的內容中表示，別人都告訴他：「若你太過讚美他們，他們就會自鳴得意，然後拿著花你的錢所學會的東西，去幫助別人發展事業。」

潔米．艾芙德（Jamie Alford）則說：

我在早期工作時，曾有一名經理告訴過我，若我對團隊太友善，他們就會試著「把事情推到你身上」。為了增加工作效率，我得要保持冷漠，他還說：「潔米，妳就行行好，別再當濫好人了。妳把自己搞得就像倒茶小妹。」多年來，這項「建言」一直在我心頭縈繞不去。我曾經試著檢驗那名經理所提出的建言，坦白說，那真是我職涯中最糟糕的一段時期。我覺得太可怕了，況且這麼做還沒什麼效果。倒茶有什麼問題？我發現真正的領導，是要用心領導。

許多管理者把這項建言放在心上（還是我應該說，他們關上了心門），築起那道隱喻的高牆。他們或許會避開有關家人、個人興趣的話題；他們從不聊起自己在辦公室以外的私生活；他們遠離辦公室集資、線上遊戲聯盟組隊或其他遊戲；他們婉拒與團隊成員共進午餐的邀約。

我的確會參考馬基雅維里在五百年前提出的建言，但同時會用中國古代哲學家老子在兩千五百年前提出的建言教育你。老子竭力鼓吹最優秀的領導者會幫助人們，以致人們到最後根本不再需要他。同時，就歷史的角度來看，在你瞭解到馬基雅維里完整的句子其實是「若你無法兩者兼得，那麼受人愛戴，不如受人敬畏」，這項建議的影響力可就沒那麼大了。

其實，擔任工作上的管理者，要比擔任人們的領導者容易多了。掌控比愛更容易；指導也比輔導更容易。但凡事速戰速決，長期下來無法為你帶來成果。

用愛領導的好處

相關研究及我們個人的經驗雙雙指出，當基於畏懼的領導成為常態，這可能激勵人心，但實際上不會帶來長期且優異的成果。畏懼會摧毀創意、創新和新點子；畏懼還會關閉溝通的大門。我們在畏懼時，更有可能隱瞞問題。畏懼會造成壓力，阻隔敬業的心，並致使我們另起爐灶、找新的工作。而畏懼的相反，正好是愛。

在巴薩德博士關於「友伴之愛」的研究中，包含了一份與同事——美國維吉尼亞州喬治梅森大學（George Mason University）管理學助理教授奧莉維亞・歐尼爾（Olivia O'Neill）——在一家長期照護中心研究十六個月所得出的結果。他們找來外界的評估人士、家族成員、該中心職員及病患本身，針對「情緒文化」和「展現關懷及同理心」進行描述，結果他們發現到，部門中友伴之愛的文化越高，職員曠職並感到身心俱疲的程度就越低；而且職員感到滿足和團隊合作的程度就越高。愛與病患的生活品質也呈現密切的正相關。至於實際的健康結果，數據內容則相當繁雜。友伴之愛的文化與急診室的就診次數減少有關，卻顯示與病患的褥瘡或體重增加無關。巴薩德和歐尼爾以這項初步研究為基礎，投入了另一項更野心勃勃的研究，這次他們的對象是任職於七種不同行業中的三千多名職員。後來得出的結果相同。愛與滿足感、責任感和敬業度都相關。

蓋洛普諮詢公司進行過呈現「敬業度」和「業務成果」之間有何關聯的眾多研究。

該公司曾經根據兩千五百多萬名職員所得出的調查結果，找出了十二項提升敬業度的關鍵要素，其中值得注意的是「蓋洛普Q12」（The Gallup Q12）[2]中的第五題，上面寫著：「我的指導者或工作上的人關心我。」這個關懷性的問題和其他十一個項目，都顯示出會影響員工離職、安全感、退縮、產能、客戶滿意度，甚至是獲利能力。

當我們在一個充滿愛的環境下工作（無論是來自同儕的愛還是領導者的愛），我們就會有安全感，而安全感和信任感正是我們在情緒上感受到與該工作有所連結、投注無條件的努力，同時對其忠貞不二的基礎。值得注意的是，領導力發展領域中的兩大巨擘詹姆士・庫塞基（James Kouzes）和貝瑞・波斯納（Barry Posner）透過以下這段話，為兩人合著的第六版《模範領導：領導，就是讓員工願意主動成就非常之事》（*The Leadership Challenge: How to Make Extraordinary Things Happen in Organizations*）做出總結：「成功的領導者最不為人知的祕密就是愛：愛領導，也愛那些工作的人……領導並不是『腦袋』的事，而是『心』的事。」

因此，我們如何用愛領導？我們如何滋養自己的情感並付諸行動去愛？當巴薩德博士在評估職場上的「友伴之愛」時，找尋的是展現出情感、關懷、慈愛與同理心。

讓你自己去愛

我相信關懷他人是很自然的。無論這是與生俱來，或是要在人類原始部落中成長茁壯而學會的部分反應，對他人感受到共有的愛都是很自然的。但這為何很難做到？我們又為何無法輕易地愛職場上的同事？無論是我們所學到的教訓或經驗，它們都在在告訴我們，倘若我們隱藏自己的感受，會比較容易，而且不那麼痛苦。特別是男性，由於從小到大就被父母教導或被社會灌輸「男兒有淚不輕彈」的觀念，還有「好漢子喜怒不形於色」，所以在情感上可能會變得比較壓抑。

或許你因為過去在開除或斥責部屬時感受到的痛苦，學會了與他們保持距離。或許當你逮到某個工作上很親近的人正在說你的八卦，或者正在密謀踩著你的頭頂往上爬，或是同事欺騙了你、偷了你的東西時，都讓你感到很受傷。當我想到邁可背叛了我對他的信任、露比在我離開公司後捏造出有關我的謊話、跟我要好的職員跳槽到別家公司，我還是覺得很受傷。

為了開始愛你的同事，你不必特別做什麼，而是要停止做些什麼。你要停止逃避那些與背叛、失望或失去等有關的傷痛。我很清楚自己所領導的人們，這些我在乎的人們，未來都可能會偷竊、說謊、欺騙或離去。但我知道沒有人是完美的；以往的職員之所以這麼做，是因為他們認為這樣做對他們最好（而不是企圖傷害我）。如今，我選擇專注在他對我和公司曾有過的付出，還有他們的才能遠比過錯更重要等事情上。我原諒他們。

或許這會幫你重新聯想起何謂「堅毅」。誰是你心中堅毅、堅強的典範？就我個人而言，我所認識最堅毅的人有美國海軍陸戰隊軍官、美國海軍海豹突擊隊（Navy SEALs）、美國職業橄欖球聯盟（NFL）球員，他們全都用愛領導。

在我寫下這一點的同時，大學橄欖球教練名單中最熱門的人選，大概非湯姆・赫曼（Tom Herman）莫屬。他過去是美國德州休士頓大學的火紅總教練，如今即將帶領美國德州大學奧斯汀分校的德克薩斯長角牛橄欖球隊（Texas Longhorns）展開第一季的球賽。但赫曼總是因為在每場球賽開始前親吻隊上的男性橄欖球員，屢屢登上媒體的頭條。他的例行儀式包括來個大擁抱、在頰上或頸上匆匆一吻，還有對每一名球員說幾句鼓勵的話。就連《紐約時報》（*New York Times*）也曾以這樣的標題報導赫曼：「前所未有，休士頓總教頭在橄欖球硬漢文化中的輕輕一吻」。一如他在報導中所言，「你如何激勵人們呢？……是用愛和恐懼。對我而言，我都是用愛。」

我並非在倡導職場上的肢體接觸，但若這些堅毅勇猛的男鬥士都能展現出對彼此的愛，那麼我很肯定，你也能找到展現出關心人們、在乎人們的方式。所以，讓我們開始吧！

你向我問好，我便為你效忠（You had me at hello）[3]

保羅・麥奇亞諾（Paul Marciano）是曾經與數百名行政主管共事的高階主管教練。他的標準作業方式，就是進行某種形式的三六〇度調查，而在這樣的調查中，你的上司、同儕和直屬部下都能匿名對你進行批評。有一天，我和保羅共進午餐時，他提到最常看到的抱怨之一，就是「他天天都會路過我辦公室的隔間，但連一次『早安』都沒說過」之類的，這讓我非常震驚。不說早安的上司有那麼多啊？還有，大家真的會注意嗎？

當我在進行個人的職員研究時，這還真的成了職員最常抱怨的事情之一。實際上，比抱怨「早上不打招呼」更常見的，是抱怨「每次我們經過走廊，他甚至看都不看我一眼！」在我探究這個問題時，許多人賦予了這種行為背後的含意，而我聽過的版本有「他覺得自己比別人都行」，還有「他那副德性，就像我根本不存在一樣」。

我想，後者的評論帶我們回到了問題的根本。當絕大多數的人認為簡單打聲招呼沒什麼大不了的時候，在過去，問候是很重要的事。印度人最常用來打招呼的**Namaste**，字面上的意思是「我向你鞠躬」，隱含的意義則是「我向你內在的神性鞠躬」。管理思想領袖領導者彼得・德亞赫（Peter de Jager）曾撰寫過許多社會中有關身分的需求。他寫道：

> 南非祖魯族（Zulu）的問候語「Sawubona」，意味著「我看見你」，回答「Ngikhona」則意味著「我在這裡」。翻譯語言的過程中，通常會流失一些重要的細微差異。祖魯族的問候語和我們充滿感謝的回應本身，就具備了一種「你看見了我，我才存在」的概念。藉著你認出了我，才讓我存在、得以存在。祖魯族有句俗諺更闡明了這一點，那就是「Umuntungumuntunagabantu」，亦即「人之所以為人，是因為他人」。

導演詹姆斯・柯麥隆（James Cameron）在電影《阿凡達》（*Avatar*）中就運用了這種觀念。納美人（Na'vi）在外星球潘朵拉（Pandora）上以「我看見你」做為一種帶有深層意義的問候。與祖魯族的傳統相似的是，柯麥隆曾提到，這句問候語就是在表達「我們身為人類，彼此相互連結」。

若你此刻在想，「我在發放薪水時，就已經向他們表示我很在乎了。」我懂。以往，我也是那種在走廊上與人人擦身而過，卻連一個招呼也不打的傢伙。這不是因為我不在乎，也不是因為我認為自己比他們更行，而是因為我就是典型的急性子，一下子趕不上拜訪客戶、一下子來不及開會，不然就是快要錯過下次的截止日。我滿腦子都只有工作。我心想，既然我都已經在週一打過招呼了，為何還要再說一遍？

即便在走廊上打聲招呼對我來說並不怎麼重要，但我知道「承認」（acknowledgement）對他人來說是至關重大。如今，我正仔細思考在與他人擦身而過時，要和他們相視而笑，以做為用愛領導的一小部分。關鍵在於目光交會。無庸置疑，你和團隊成員就是在那一瞬間有所連結。這或許未經「言傳」，但你的確在說：「我看見你。」

重要的小事

我還能清楚地描述她的模樣。當時，我在佛羅里達州博卡拉頓市（Boca Raton）

的某家飯店大廳，向數百名人力資源專家發表演說。她就像試圖招攬計程車那樣揮舞著手臂，我才剛問完一連串的問題，例如「想一想你所碰過最糟糕的上司。她之所以那麼糟糕，是因為她做了什麼？還是因為他沒做什麼？」這種理應無須回答的設問句，但她又開始揮手了（現在還站起來！）。於是我不得不點她、讓她回答。

「他不知道我小孩的名字。」

起初我還以為自己聽錯了。小孩的名字？「可否請您再說一遍？」我問道。

「我在他底下工作了十年，結果他居然連我小孩的名字都不知道。」

後來，聽眾對她投以熱烈的掌聲，表示支持。實際上，她得到的掌聲，比我在演說結束時得到的還要多。

自那天起，我便一直深入研究這個問題，並發現這個問題很常見。在我進行個人研究並與許多高階主管教練討論後，我才慢慢瞭解，人們最常抱怨上司的是：他們不知道我另一半或是小孩的名字；他們不知道我正在照顧罹患失智症的父母；他們不知道我去跑了一場馬拉松。

有些人有錯誤的觀念，那就是愛你的職員，就要對他們推心置腹、讓他們在你肩上哭泣，或者是來個信任倒（trust fall）。[4] 並不是。人們一直在尋找你知道他們存在、他們很重要，還有你在乎他們的跡象。這可以是每日或每週的一些小事，像是：

▼你會不會在週五問起團隊成員在週末有何計畫？
▼你會不會在週一一早詢問他們週末過得如何？（你若確切地問起他們上週五告訴你的事，更是加分！）
▼你知不知道他們的另一半和小孩叫什麼名字？
▼你知不知道他們有沒有特別的嗜好或喜愛的活動？
▼他們喜愛哪種類別的電影、哪種類型的書？
▼你說得出他們的生日，還有工作滿幾年了嗎？

塑造他們的未來

另一種展現出你關心每一名團隊成員的簡單方式，就是至少每半年舉行一次一對一的職涯會談。我已在先前的著作中描述過，成長、認可和信任如何成為促進員工投入，並提升敬業度的三大主要動力。關於成長，我們都想從事具挑戰性的工作、學習，並在職涯上更進一步。戴著教練帽的你，能夠協助他們在職涯梯上更上一階。

有些管理者不樂於接受團隊成員的發展和晉升，是因為害怕失去他們。沒錯，現在要離開一家公司並跳槽到另一家公司，比以往容易多了。人們認為這是世代的問題，然而並不是，而是在跳槽的過程中，所有曾有的衝突和摩擦都消失了。例如，你可以用若干美元，就在一天之內成立自己的公司；你要居家辦公，似乎也不再那麼奇怪；與其細讀本地報紙每週刊登的「事求人」，如今你可以透過電腦、鍵入特定的搜尋字詞，就搜索到世界各地數以千計的工作機會。獵人頭公司也能反過頭來輕易地找上你。

我在訪問高階主管教練暨《忠貞不二：高績效公司如何培養並留住頂尖人才》（*Fiercely Loyal: How High Performing Companies Develop and Retain Top Talent*）一書的作者多夫．巴隆（Dov Baron）時，他曾經說明一件很諷刺的事實，尤其在你想要留住千禧世代的員工時更是如此。他告訴我：「別讓他們覺得無聊。千禧世代熱愛學習。」實際上，你會把這些人才留得更久，久到讓他們準備好迎接自己的下一步。所以，巴隆在面臨自己最頂尖的員工離職時有何反應呢？他說：「他在第五年離職，開了一家公司，結果我們成了他的第一個客戶。」

你在和直屬部下舉行職涯會談時，不必是那種符合人力資源部要求的正式場合。反之，去喝杯咖啡或吃披薩，然後進行一場非正式的對話。「安雅，從我們上次聊到你的職涯目標到現在，已經有好一陣子了。妳仍想要成為〇〇嗎？」提問的主題可以包括：

- ▼你在一年內、三年內、五年內想要做到哪個職位？
- ▼你認為自己完成了組織內的目標嗎？為何你認為完成了？為何你認為還沒完成？
- ▼為了達成目標，你需要學習什麼？
- ▼為了達成目標，你需要瞭解什麼？
- ▼為了達成目標，你需要什麼經驗？

表達愛的方式

關於愛，無論是在職場還是私生活上，若能瞭解並記住人們都能用不同的方式表達愛，還有接受愛，是一種很有幫助的概念。《五種愛的語言》（*The Five Love Languages*）一書的作者蓋瑞・巧門（Gary Chapman）博士深信人們能夠透過以下方式表達愛：

- ▼肯定的言辭
- ▼用心相處的時間
- ▼贈禮
- ▼分憂解勞
- ▼肢體接觸

他也深信，當我們全部的人都在表達及接受所有這些愛的形式時，大多會有主要或偏好的風格。

我並不十分清楚愛的語言有五種、十種，還是僅有四種，但我認為，以下這個概念才是最重要的：不同的人會用不同的方式表達愛。倘若人們瞭解這個概念，那麼有多少來自童年的焦慮和不安會因而煙消雲散？我的父親不常說「我愛你」這三個字。

但是當我回顧自己的童年，卻擁有很美好的回憶，例如他會讀床前故事給我聽、陪我跟朋友一起玩桌遊，還會帶我去棒球打擊練習場，以降低我被三振的機率（即便徒勞無功）。至今，我仍珍藏著他在三十多年前送給我的軍用瑞士小刀，還有親筆簽名的棒球。這些全都是愛的表現。

關於肯定的言辭，讚美和致謝都非常強而有力，易於執行，並且成本低廉。當塔拉在最後一個小時找出並修正了一處我在文件中的錯誤，我對她說：「做得好！」我還會傳簡訊給瓦尼亞說：「嘿，那個領英要用的網上研討會圖表做得很棒！」這些話都很真誠。至於正面的回饋，我向來恪守美國運輸安全管理局（TSA）的座右銘，也就是：「看到什麼，就說什麼。」

至於在工作上致謝，研究的結果則相當驚人。在一份由慈善機構鄧普頓基金會（John Templeton Foundation）贊助進行的研究中，有八十一％的受試者表示，倘若自己的經理能多表示感謝，他們就會工作得更認真，但在這群相同的受試者中，則有七十四％表示，他們從不會對上司表達感謝。一句真誠的「謝謝你」，有助於讓團隊成員感受到被你關心、被你珍視，而一張手寫感謝函的幫助更大。金寶湯公司前總裁道格・康納特，就曾因為在單日寫下十至二十張的感謝函而蔚為傳奇；他在任職於金寶湯的那十年內，送出的感謝函估計有三萬張。人人都珍藏著自己上司所寫的那些感謝函，不是把它釘在辦公室的隔牆上，就是放在家中特殊的檔案夾裡。

你可能認為自己已經在團隊成員上花了夠多的時間，然而，你每隔多久才和他們有一對一碰面的機會呢？上次你為了聯絡感情而帶某人共進午餐，是在什麼時候？對你的家人而言，上次你和他們在晚上約會或舉辦母女獨處日，又是在什麼時候？當你在組織中越級溝通，用心相處的時間可能會特別強而有力。前美國國防部長暨退役美國海軍陸戰隊上將——「瘋狗」（Mad Dog）詹姆斯・馬提斯（James Mattis）之所以備受部屬愛戴，有一部分就是因為他在服役的四十年中，花了不少時間與士兵及下士談話（而且常常是在前線打仗時）。

用來表達愛的贈禮不必太過貴重。隨興及體貼的心意，比費用更重要。情人節時送上十二朵玫瑰花，以及沒特殊理由就奉上一束春日的鮮花，哪一種會讓你比較開心？身為上司，我曾經以電影票、書籍、餐廳禮品卡、讓員工休假，還有請喝咖啡做為贈禮。倘若你真的想要發揮影響力，就為某人的孩子準備一份適齡的禮物。

服務（幫他人的忙、為其分憂解勞）是蓋瑞・巧門提到的另一種愛的語言。其實，我會主張你只要妥善領導，那麼你所做的每件事幾乎都是一種「服務」。領導是一種「服務」的概念，雖然可以追溯到數千年前，卻是由羅伯・格林里夫（Robert Greenleaf）發明了「僕人領導學」（servant leadership）這個現代化的字眼。在那樣的模式中，我們起初都是僕人，之後是為了表達我們想要支持自己的團隊成員，才變成領導者，而非出於對權力或財富的欲望。實際上來說，身為領導者的我們能夠協助同事從事棘手的工作、替他們代班，並且告知他們重要的資訊。

至於肢體接觸，或許職場上就不會再出現遭人指控的「愛的語言」。我們當中有太多人曾經經歷或目睹持續太久的擁抱，或是有欠妥當、讓人渾身起雞皮疙瘩的肩頸按摩，卻都能夠接受堅定的握手、擊掌或輕輕的頂拳。若是在家裡，當然就是盡情地擁抱、親吻你的孩子，而且多多益善。

要點

由於我們本身的不安全感，或是因為被教導擔任管理者就得要漠不關心才能保持客觀，所以我們太常在工作上隱藏自己的情感。

優秀的領導者明白，關心才是促使員工敬業的祕訣。

你不必喜歡他們，但你可以愛他們。當人們知道你在乎，就會表現得更好、待得更久。

各類職務者的運用方式

經理

忘掉過去；將「要喜歡你的同事」和「要愛你的同事」區分開來。致力在早上問候團隊成員，並在路過走廊時認出他們。得知他們家人的名字。與你的每一名直屬部下舉行非正式的職涯會談，討論他們的目標為何，還有你如何協助他們達標。掌握人們做好事情的當下，向其致謝。

專業營銷

你認為顧客和客戶想要你在乎他們，甚至是愛他們嗎？我很肯定他們並不指望，但鐵定會樂於接受。倘若你愛他們，他們就會信任你會為他們做出正確的事，也不會推薦對他們來說並非最好的選項。你要如何才能向他們表示你在乎呢？打聽一下他們的孩子，以及他們有沒有其他感興趣的事物。與其給予那些幫公司打廣告的贈禮（例如印有公司標章的桌曆及原子筆），不如送上與他們有關且合適的禮物。詢問他們的職涯規畫。倘若你就是幫助他們更進一步的那個人，將來他們肯定會順利交接，並在坐穩新職位後帶給你新的業務。

運動教練

身為這樣的人物，你會在球員的人生中帶來深遠的影響。你教導他們如何在運動中求勝，也就能教導他們如何在人生中勝出。切記伍登、考夫林及赫曼教會我們的。你沒必要先喜歡所有的球員，才能進一步去愛他們。你的球員在練習場外的生活過得如何？下次你的明星球員犯錯時，你就說：「我知道你覺得很糟，但你接下來怎麼做才是最重要的。你打算要繼續犯錯，還是向在場的每個人展現你的專注和決心？」

軍官

你有機會「身先士卒」嗎？也許你能在新來的後輩身旁協助或一起工作；也許你能加強良好的安全演習。你對自己的部隊（或水手、飛行員或海軍陸戰隊士兵）真的感興趣嗎？打聽一下他們的家人、詢問他們需要的東西是不是都有了。你又是怎麼對待那個軍階最低的士兵呢？

父母

即便愛我們的孩子相當自然，但要經常表達那樣的愛可就沒那麼自然了。一開始，我們輕易地透過擁抱、親吻寶寶和蹣跚學步的幼兒表達愛，但隨著孩子慢慢變成叛逆的青少年並接著邁入成年，有時這會變得越來越困難。告訴你的孩子，你愛他們。甚至你在不喜歡他們時（他們真的可能變成自私自利、忘恩負義又惹人厭的傢伙，不是嗎？），你也要愛他們。無論是他們每天早上慢吞吞地起床，還是你在工作一整天之後跟蹌地踏進家門，你都要把「每天跟他們打招呼」當成一回事。掌握他們做好事情的當下，向其致謝。在他們準備大考時，買來他們最愛吃的點心。確定你知道他們在學校裡跟誰最要好。詢問孩子什麼讓他們感到最開心，什麼又讓他們備感壓力。讓他們知道，你永遠都會在身後支持他們。

個人

你所愛的人是誰？你此生中最在乎的朋友、家人和同事又是誰？思考一下你要如何才能讓他們知道。向辦公室裡的同事說聲「謝謝」或是送一張謝卡。主動提議幫朋友照顧孩子幾個小時，讓他和另一半能在晚上約會。送一張手寫的卡片給你的牧師，讓她知道，你有多麼享受她本週的佈道。買一些花送給鄰居——不為什麼。

譯注

1 此處所指應為四無量心，亦稱四梵住（Brahma-vihara），分別為慈、悲、喜、捨。

2 蓋洛普Q12：該公司透過十二種不同行業、二十四家公司中兩千五百多個經營部門蒐集數據，用以評估十二個具體明確且與員工績效之間存在著高度相關性的職場要素。

3 此處借用電影《征服情海》（*Jerry Maguire*）中，男、女主角在明白對方情意當下所使用的臺詞，類似中文的「一見鍾情」、「一見傾心」。

4 信任倒：心理學上一種測試信任度的方式，要求當事人在不知背後的人是否會接住自己身體的情況下，直接向後倒，以測試對背後那個人的信任度。

第6章

排滿行事曆

如果你跟我多相處一陣子，就會發現我對「時間」相當癡迷。我在電腦螢幕下方貼了一張寫著「1440」的貼紙，而且就在我敲打出這一句的同時，我還瞄了它一眼。這張貼紙是要時時提醒自己，一天只有一千四百四十分鐘，一旦錯過，時間便不再回頭。另外，在我的辦公桌上，還有一個不太尋常的小時鐘，它的正式名稱叫作「倒數計時器」（Time Timer），上頭的指針可以左右調動、呈現出紅色的區間時段，以視覺的方式提醒你在這段短時間的衝刺性工作（work sprint）中還剩下多少分鐘，令人一目了然。我不但以吝嗇出名，而且不熱衷藝術，但我在出售上一家公司時，居然砸一大筆錢買下美國視覺藝術家彼得・特恩尼（Peter Tunney）名為〈現在就是時候〉（The Time Is Always Now）的畫作，那筆錢差不多可以買下一輛小型汽車了。然後，我花了好幾年鑽研成功人士有何習慣，並寫了一本他們具備怎樣的習慣，才能達到極端效能（extreme productivity）的書。

起初，我不是很確定要在本書納入這個章節，腦海中不停盤旋著想像中的批評者低聲說著：「這不是一本時間管理的書，要切題！」然而，當我反思大多數成功的領導者，他們之所以卓越出眾，就是因為不但能夠領導優秀的團隊，還能搞定一堆鳥事。是我有偏見嗎？或許吧。但是，如果你跟我一樣是個「領導迷」，一定會注意到有多少優秀領導者都對「時間」相當癡迷。你會開始鑑賞他們所說的話，並且學會他們用來討論時間或產能的特殊用語和說法。

優秀領導者注重每一分鐘

麥克・沙舍夫斯基是史上最優秀的籃球教練之一。綽號K教練的他帶領了美國杜克大學藍魔（Blue Devils）男子籃球隊約莫四十年，過去也曾經在全美十四支不同籃球隊擔任過總教練或助理教練，並率領他們贏得十座金牌。他在《黃金標準》一書中，分享了他用來帶領個別的明星球員，而且把他們變成比自己更強大的團隊的領導祕訣。該書開頭部分的標題就是：「時時刻刻建立起球隊」（Team Building in Time and Moments）。他寫道：

當你被賦予責任要建立一支球隊，就必須安排時間去做特定的事。建立關係的時間、設定標準的時間、激勵隊員的時間……領導者負責確保你花了必要的時間完成任務，不僅時間夠長、你夠認真，還要負責確認你一分一秒都沒浪費。

K教練書中的每個章節都是「……的時間」（如「遴選隊員的時間」、「展望未來的時間」、「建立關係的時間」）。在最後的結論裡，他甚至提醒讀者要有「慶祝的時間」。

另一名傳奇的籃球教練約翰・伍登則在《伍登論領導》一書中，用一整章來探討時間的掌控。他寫道：

領導者必須擅長並且精通有效運用時間，同時也擅長教導別人這麼做。你掌控時間的技能，會直接影響到你所帶領的組織的競爭能力，甚至生存能力……我對於「有效使用時間，而非浪費時間」有股狂熱……謹慎地規畫每一分鐘。

伍登接著描述，自己如何提前謹慎地規畫每次練習的每一分鐘。每次練習後，他都會草草記下什麼地方做得很好、什麼地方有待改善。他在一堆筆記本上寫滿了這些可追溯至多年前的內容。每到新年，他就會審視前一年按日排定的行程，再建立起一份按分鐘排定的新計畫。

不是只有籃球運動的教練才呈現出對時間的癡迷，美國職業橄欖球聯盟紐約巨人隊的前教練湯姆・考夫林也在《贏得勝利的權利》一書中，用一整個章節來探討如何排定行程。一如我研究的其他優秀領導者，考夫林對時間的癡迷，是著重在字面上的「每一分鐘」。他向來的行程是：

> 我通常會在一早五點二十分開始鍛鍊身體，六點十五分到辦公室，然後一直到晚上十點後開完會。一週內的每一分鐘，我都排好行程了。

我剛剛說他癡迷的是「每一分鐘」嗎？其實是「每一秒鐘」：

> 既然不可能再創造出更多時間、更多小時，我就會在行程中擠出浪費的時間，試圖在有空時多做一點。我一秒都不喜歡浪費，真的，「一秒」。

在較為平凡單調的商業競爭環境下，大家顯然不著重於分秒必爭。美國芝加哥麥肯錫管理諮詢公司（McKinsey）有一份研究專案披露，大約有二分之一的行政主管並未按照策略上的優先順序來運用時間，然後有三分之一對於自己如何運用時間「非常不滿意」。

他們能怎麼辦呢？

扔掉待辦清單

你對時間管理的瞭解，會不會都是錯誤的？為了拙作《高效15法則：谷歌、蘋果都在用的深度工作法》（*15 Secrets Successful People Know About Time Management*）的研究題材，我面談了七名億萬富翁、十三名奧運選手、二十九名學霸與兩百三十九名企業家。其中有一項發現令我極為震驚：他們幾乎沒人使用待辦清單。

這怎麼可能？他人和「搞定事情」（Getting Things Done）行為管理方法，一向都教導我們要把所有工作放上一大張清單，再進行優先排序：A1、A2、A3、B1、B2、C1……先從A1開始，一旦完成，就轉往A2。

結果，待辦清單有不少缺點。研究顯示，那些被我們放入待辦清單卻根本沒做的事項，高達四十一％！而且在完成的事項中，有很多是在同一天被草草記下又被劃掉的。在你的待辦清單上，那個要去檢查機車的行程已經放多久了？那麼耶誕購物或打掃車庫之類的事呢？你在待辦清單上已經放了一個月，甚至更久的事項有多少？

待辦清單也可能帶來「柴嘉尼效應」（Zeigarnik effect）所引發的心理壓力。柴嘉尼效應是一個心理學名詞，描述我們的心中如何不由自主地在有意識或無意識下，充斥著該完成待辦事項的念頭，而且人們對於待辦事項的印象，經常比已辦事項還要深刻。我們一天下來已經整整工作了十個小時，但當我們回到家後，大腦居然不是感受到收穫豐富、心滿意足，反而是不斷地思考那些還列在清單上的所有事。在身體已經累壞了的情況下，我們可能會輾轉反側、難以入眠，而我們的大腦也還在跟日後要處理的工作賽跑著。

若你不應該使用待辦清單，那麼應該使用什麼？

行事曆。

你看，我們一直都被騙了。「搞定事情」和其他多數的時間管理系統都教導我們，待辦清單是你管理工作的地方，而你只有在記錄電話、開會和重大活動時（例如在特定時點開始的事）才會使用行事曆。

實際上，優秀領導者會為每一件事排定行程。與其把工作放入待辦清單，他們會選定日期、時間和持續期間，再將其排入行事曆。這是保證你清楚知道「你是在符合個人的價值觀及目標之下，投資分分秒秒」的唯一方法。這種方式被稱為「預留時段」，當你把它運用到每件事情上，就能大大地改善你和團隊的成果。

比如說，我的行事曆就反映出許多價值觀：

▼我重視輔導團隊成員，於是每週一預留和每名直屬部下一對一的開會時段，藉此展開那一週。

▼我不但重視團隊結盟，也重視個個擊破公司內不與其他部門聯繫來往的獨立單位，於是每週預留「作戰」（Weekly Action Review）的開會時段，審視採取的行動。

▼我重視寫作，於是每週預留二至三個時段，好在不受干擾之下進行寫作。

▼我重視健康，於是每天預留六十分鐘運動。

▼我重視孩子的教育，於是預留晚餐後的時段協助他們完成課業。

▼我重視不斷充電並進行新的體驗，於是預留較長的週末或整整好幾週，有時是提前預留一年去度假，即便我還不知道要去哪裡。

然而，你的自由時間呢？還有你藉著四處走動進行管理，或是單純閱讀、進行策略性思考的時間呢？沒錯，你也應該把這些都排入行程。領英公司的總裁傑夫・韋納（Jeff Weiner）在名為〈什麼行程都沒排的重要性〉的文章中指出：

如果有一天你看到我的行事曆，可能會注意到許多被我標成灰底卻沒註記內容的時段。我的 Outlook 沒問題，印表機也沒問題。那些灰底的部分所表達的是「緩衝區」，也就是我刻意要避開開會的時段。

我每天排定的這類緩衝區，總共介於九十分鐘至兩小時之間（再細分為三十至九十分鐘的時段）。這是我在前幾年發展出的一種系統，以因應當時逐漸塞滿一場又一場的會議，以致我連處理周遭的事或思考的時間都騰不出來的情況。

倘若這聽起來很瘋狂，那麼請記住，名人紀念堂（Hall of Fame）的運動教練可都是「按分」排定每天的行程，而且還常常提前規畫一整年呢！

行程須搭配活力狀態

軍事專家使用「戰力乘數」（force multiplier）這個術語，來指稱戰場上可在既有的部隊數量下提升作戰效能的可變因素。一百名掘挖防禦陣地的士兵，或許比一百名在曠野上一路進攻、衝鋒陷陣的士兵，有效三倍。對於擁有夜視護目鏡的人而言，它就是一種戰力乘數。美國前國務卿克林・鮑威爾（Colin Powell）[1]上將在反思態度與士氣時，也曾說過，恆久保持樂觀，就是一種戰力乘數。

一旦你不再使用待辦清單、開始透過行事曆度過每一天，不僅會開始完成更多正確的事、經歷較少的壓力，還能藉著如何排定每日行程，提升產能乘數（productivity multiplier）。時間管理的真正祕訣，就是時間管理根本就與時間無關，而是與活力、專注力有關。我們每一天都擁有同樣的一千四百四十分鐘。

仔細思考一下。比如說，你有一個小時寫報告。倘若你思緒敏捷、保持專注，然後得心應手，那麼你會在那一個小時之內寫出多少字？一千？還是兩千？但現在請你想像一下，你同樣有這麼多時間，六十分鐘，但這次你出現類感冒的症狀，或者還在宿醉，那麼你覺得自己現在能粗製濫造地寫出多少字？幾百嗎？同樣的預留時段下，你的產出和產能卻截然不同。

對多數人而言，我們早上的認知能力最佳，而且通常落在剛起床後約莫一、兩小時內。但這扇窗開啟的時間很短暫；我們距離自己的創意、專注力和決策能力開始下滑之前，大概只有兩個小時。一如美國心理學暨行為經濟學教授丹・艾瑞利（Dan Ariely）曾經在線上論壇Reddit的「隨你問」（Ask Me Anything）問答活動給出的答案：

人們在時間管理方面所犯的最悲慘的錯誤之一，就是有一種癖好，會把自己一天中產值最高的兩個小時，花在不需要高度認知能力的事情上（像是社群媒體）。我們若能挽回這些寶貴的時間，就會更成功地完成真正渴望的事。

倘若你反思一下個人的巔峰時段，就能在排定一週的行程時，把這個因素納入考慮。這些年來，我所訪問的大部分成功人士，都對每日「最重要的工作」（most important task, MIT）秉持一股狂熱。關鍵在於他們每日都會排定時間來進行這項工作，而且通常是在（不受干擾的）早上，也就是這項工作還沒有因為當日的其他重大活動而受到推遲之前。

我用來大幅提升每日戰力的系統有3C，也就是創造（Create）、合作（Collaborate）與聯繫（Connect）。在大多數的日子裡，我會：

▼**在早上創造：**大約從早上七點至中午這個時段，是我認知能力最好的時候，用來進行寫作、腦力激盪與分析。

▼**在下午合作：**大約從下午一點至六點舉行所有工作相關的會議並撥打電話；與他人互動較不那麼傷腦筋，而且或多或少讓你感到振奮。

▼**在晚上聯繫：**從晚上七點以後與親友建立社交上的緊密關係，在放鬆與充電的同時，也強化人際關係。

其他人提到的只有兩個類型：製造者時間和管理者時間。但是就連這樣簡單的區分，也能協助你停下來深入思考某項工作與什麼有關，還有你是否應該試圖把某項工作排入你最有活力的巔峰時段。

最後，當你把所有一切都放上行事曆且被迫要分配持續多久時，你比較不可能把一切都排入行事曆中原本預設的半個小時或一個小時。當某人詢問「我們去喝杯咖啡、聊聊近況」或「我想聽聽你的想法」時，你主動空出一整個小時的頻率有多少？請牢記教練們在乎的重點：分秒必爭。我在訪談時重覆聽到的內容就是，某人越成功，他們預設的時間就越少。

播客〈喬丹・哈賓格秀〉（The Jordan Harbinger Show）節目主持人喬丹・哈賓格（Jordan Harbinger）曾經告訴過我：「善用你的行事曆，並且按照每十五分鐘一個時段，排好一整天的行程。這聽起來雖然痛苦，但會讓你落在組織中的第九十五百分位數，名列前茅。除了預約行程，你還能排入健身、電話、電子郵件等等的時段。」

美國暢銷作家暨討喜媒體公司（Likeable Media）共同創辦人戴夫・可本（Dave Kerpen）曾說：「行事曆沒有的，我不會去做；行事曆有的，我才會去做。我日日都按照每十五分鐘安排開會、審查資料、寫作，並且進行任何得完成的活動。」

時間面臨的威脅（或馬克・庫班的建議）

我曾經詢問過美國資深軟體創業家暨NBA獨行俠隊老闆馬克・庫班（Mark Cuban）一個簡單的開放性問題：你對產能及時間管理的首要建議為何？

一位白手起家，後來擁有NBA籃球隊、演出電視上熱門的真人實境秀《創業鯊魚幫》（*Shark Tank*）、[2]坐擁十多家其他企業、定期評論政治，同時看似婚姻幸福美滿並育有三子的億萬富翁，會怎麼回答我呢？他會向我描述為待辦清單排序的特有方式嗎？鼓勵我們授權？還是告訴我前一晚就要規畫隔天的行程？結果他的回答一如既往，既簡潔又睿智：

除非有人開支票給你，否則別開會。

當然，不是人人都能推掉所有的會議，但你可別讓庫班的億萬富翁地位遮瞎了眼。在他可能給出的全部答案中，著重的是開會帶來的風險。實際上，我曾經問過七名白手起家的億萬富翁同樣的問題，他們大多給了「開會有風險」這類的建議。

對此，我肯定你不會太驚訝。在我針對四千多名職業專家進行的調查研究中，會議和電子郵件的確名列工作產能的頭號殺手。世界知名的產能軟體公司艾特萊森（Atlassian）近日發表了在微軟、加州大學與其他研究中心進行的一連串研究所得出的數據，其中有幾項數據著實令人大開眼界：

▼大多數的職員一個月至少主持六十二場會議。
▼職員認為，上述會議中有一半是在浪費時間。
▼每個月平均有三十一小時花在毫無成效的會議上。

優秀領導者清楚要不計成本地把會議減到最少，不僅是為了個人的產能，也是為了團隊的產能，同時，他們也清楚要為組織省下實際的報酬成本。倘若你在網路上搜尋「會議成本計算機」（meeting cost calculator），就會找到不少藉由納入與會人數、會議持續時間和薪資等要素，估算出實際會議成本的線上工具，有些線上工具甚至還會調高薪資，以涵蓋薪資以外的津貼。玩一玩這些線上計算機，真是既有趣又嚇人。

比如說，以往我每週都會針對所有的專案經理召開員工會議，以便審視專案進度及財務指標。會議有十個人參加，持續一個小時，然後專案經理的平均薪資約為八萬美元，外加四十%的津貼。這就意味著，一場會議要花掉我五百三十八・四六美元。值得嗎？或許吧。因為這是一場相當重要、讓大家都能掌握現況的會議。而我一整年下來，在這些會議上總共花了兩萬五千八百四十六美元。真的假的？

如今我不禁開始思索，有沒有用一張共享的試算表就能公開這項資訊，或者在三十分鐘內就開完會的方法。

會議問題的解決方法

優秀領導者都清楚分秒必爭，也清楚會議可能是潛在的時間殺手。會議往往很晚才開始、持續很久、找錯了人、被外向和愛現的人所主導、偏離主題，而且最糟的是，還以不合邏輯的方式打斷你的每一天。所以，你會怎麼處理呢？

第一，若是你正在規畫一場會議，那麼請妥善安排，並讓會議順利進行。請確認你擁有規畫完善的議程，載明會議宗旨、預期結果及原始主題，並提前傳閱議程，那麼出席人員就能在有所準備之下抵達會場。想清楚你要邀誰與會。會議規模越小，越有效率。會議必須順利進行，並獲得與會者積極參與：點名內向的人藉由抒發己見來積極參與討論、制止私下交談、讓交談內容一貫切題，同時掌控時間。

第二，即便你無法像馬克・庫班那樣經常婉拒開會，或許可以推掉額外的會議。與其自動同意每一次都找上你的會議邀請，不如在接受邀請之前，要求取得議程或預期結果，這樣至少會訓練他人規畫出有效的會議。或是你能透過以下聰明的方式，在不直接說「不」的情況下婉拒開會：

▼「我那時的行程真的很滿；我請沃特代我出席，並在會後向我簡述內容，這樣如何？」

▼「我不確定我能否參加；你有沒有可能寄會議紀錄給我就好？」

▼「那天沒辦法耶！會議開始後，我只待二十分鐘就離開，行嗎？」

也許你能婉拒一週內特定哪幾天的會議。很多組織正開始實施「製造者日」（maker day）。一如前臉書共同創辦人暨協作軟體公司阿薩納（Asana）的總裁達斯汀・莫斯科維茲（Dustin Moskovitz）告訴我的，「一週內選定一天，讓你和團隊都能專注在個人的工作，不受到會議之類的干擾……我們建立起『不開會的週三』，好促進公司整體的工作流程及產能。當我的友人暨醫院行政主管凱特・金斯羅（Kate Kinslow）成了艾瑞爾健康照護中心（Aria Healthcare）的執行長，她的首要行動之一，也是公布中心內有『不開會的週五』。」

我向西南諮詢公司（Southwestern Consulting）共同創辦人羅利・魏登提及「無會

議日」的構想，他聽了不禁放聲大笑，並且驚呼：「我們一週只開會一天，還把那天叫作『瘋狂開會的週一』！」身為《拾級：締造真正成功的七步驟》（*Take the Stairs: 7 Steps to Achieving True Success*）和《贏在拖延術：把拖延用在對的地方，反而讓你更有效率》（*Procrastinate on Purpose: 5 Permissions to Multiply Your Time*）這兩本暢銷書的作者，魏登很清楚產能相關的事，因此，我邀請他擔任〈LEADx 領導秀〉的嘉賓，而他也在節目中進一步解釋如下：

> 我們已經決定了下一代的企業模式，將會是人們工作彈性、地點不拘，同時專案多元。週一是我們要求大家都要進公司的那一天。我們開會、交談、討論、做出決策，然後一週內剩下來的那幾天，我們就會分散世界各地、有效運用決策，並且執行相關策略。

對大多數的組織而言，西南諮詢公司「四天不開會」的文化或許相當極端，但這似乎讓「每週一天不開會」突然變得實際多了。

當你不能說「不」時

對於那些你就是不能說「不」的會議，如何把開會的時間減到最少？把自己的時間加到最多？

有個構想是召開「站立」會議，照字面上的意思，就是人人都站著開會。這在施行 Scrum（一種「軟體開發」的專案管理框架）的領導者之間很受歡迎。「Scrum 每日立會」（daily scrum）是一種站著的會議，通常持續大約十五分鐘，會中人們四處走動並回答三大問題：

1 自上次開會後，你完成了什麼？
2 到下次開會前，你計畫完成什麼？
3 你現在遇到什麼阻礙？

即便這種形式是在軟體開發界才大受歡迎，但沒有任何理由顯示你無法採用這種形式召開任何一種重覆性的進度會議。

英國著名企業維珍集團創辦人兼董事長理察・布蘭森（Richard Branson）曾廣泛地提及他對開會的厭惡。他在一篇部落格的貼文中，分享了自己使用同樣的伎倆而大幅縮減了開會的時間：

> 我最鍾愛的伎倆之一，就是大部分都站著開會。我發現到，這是一種能夠更快切入主題、做出決策並達成協議的方式……一場討論單一主題的會議，鮮少需要持續五至十分鐘以上。若你站著，就會發現大家都飛快地做出決策，而且還沒人打盹兒！

若要對「站著開會」做一點變化，就是「走著開會」，有時稱之為「邊走邊說」，而「邊走邊說」的知名人物有前美國總統巴拉克・歐巴馬、臉書創辦人馬克・祖克柏（Mark Zuckerberg）、西聯匯款公司（Western Union）總裁暨執行長賀博睿（Hikmet Ersek），以及網上旅遊公司 Priceline 前總裁暨執行長達倫・休斯頓（Darren Huston）。領英公司位於加州桑尼威爾（Sunnyvale）的總部設有戶外單車道，需要二十至二十五分鐘才能騎完一圈，而領英的職員都會例行在單車道上進行一對一的會議。移動中的會議能排除電話、電子郵件，還有被問起「有空嗎？」這類普遍干擾他人且讓人分心的事。根據全球知名醫療保健產品製造商嬌生公司（Johnson & Johnson）的研究顯示，走著開會的人們較有活力、較專注，同時敬業度也較高。倘若你需要更有說服力的資料，那麼美國史丹佛大學研究人員進行過的實驗，就顯示走路會提升創意的發想。

一名總裁如何即刻提升產能

「等等，你說什麼？」我不確定有沒有聽錯他所說的話。

「是真的。」西藍・多希（Hiren Doshi）告訴我：「你的文章成了我的榜樣，我每天空出了六個小時……每週多出了三十幾個小時。」

多希是歐姆尼艾克提夫健康科技公司（OmniActive Health Technologies）的共同創辦人暨總裁，該公司是在印度和美國都設有辦公據點的營養保健原料供應大廠。像他這樣已擁有成功經歷和成功事業的人，會在產能上突飛猛進，著實令人震驚。沒錯，關鍵就在於多希以往都會現身會議之中。

六個月前，我每天開六至八小時的會，就連晚上也在開會，日子過得很瘋狂，但我後來減少到每天最多開會兩小時。我突然瞭解到，是我需要自己在現場，而不是我的職員需要我出現在會譯中。於是，我告訴他們，未來所有活動，我都會退居幕後。別以為我不感興趣，而是要認為我對你們充滿信心。人人都能在有機會時採取行動並做得很好。他們經常表現得比我以前還好，而且他們以前經常做得沒有我好。結果你猜怎麼著？工作順利完成，我自己也更上一層樓。

多希緊接著說，他深信總裁和其他領導者之所以把職員找來、召開不必要的會議，有一部分是因為他們對自己的重要性有錯誤的認知。倘若你雇對了人，他們何必需要你參加所有的會議（客戶拜訪或簡報）呢？

因此，當多希每天突然多出六個小時，他都在做什麼？他解釋道：「在不受干擾的情況下進行創意思考。」當多希有了思考的時間、專注於新契機的時間，他便開始執行可能會為公司帶來指數型增長的併購策略。實際上，就在我訪問多希的幾個月後，歐姆尼艾克提夫健康科技公司便以三千五百萬美元的交易金額，收購了印度香氛植物萃取公司 Indfrag。

要點

優秀領導者瞭解時間真正的價值。光陰荏苒，一去不復返。無論你是準備好迎接新球季的運動教練、試圖運送新產品的企業家，還是必須趕上截止日的管理者，「更有效地利用時間」便是你擊敗競爭對手的關鍵。

當傳統的時間管理系統教導我們，行事曆是用來記錄開會時間和電話的同時，那些達到極端效能的人則是把一切全放進行事曆，然後以此度日。

各類職務者的運用方式

經理

要成為那種「排定行程而非清單」的領導者，並非一蹴可幾。一開始，先為每一件重要卻往往受到急事排擠的事空出時段。為了進行最重要的工作，預先空出多次獨處的時間；排定與團隊私下碰頭及每週一對一的行程；把握預留的時段用來「思考」！

專業營銷

從開發潛在的客源、向新客戶銷售產品，同時服務現有客戶，一直到應付所有的行政工作，業務人員得要十八般武藝樣樣精通。對許多人而言，這意味著客戶至上，遲交書面文件，然後完全不可能開發出新的客源。仔細思考一下空出每週五的下午進行行政工作，然後預留每天上班的第一個小時開發新客源。

運動教練

無論你是得管理「正職」工作的年輕義務教練，還是身為正在面臨無數要求的職業教練，你都非常清楚時間永遠不夠用。參閱一下K教練、伍登和考夫林的方式，提前規畫球隊的練習，並且按下碼表開始執行。謹慎思考一下你的優先順序，並將它們排入每日的行事曆。你智慧型手機上的行事曆，瞬間成了「待辦」清單。

軍官

當你接受了長官的部署，要平衡工作和生活不成問題，因為根本就不可能達成平衡。即便你身為長官、返回家中，你需要用來安排軍事人力的時間，也是讓人意想不到的。不可否認，一天就這麼多個小時，而你得把這些小時區分成領導的職責、家庭的義務，還有個人的健康及福祉。弄清楚你個人的價值觀，把這些價值觀轉化成時間上的分配，再把分配好的時數反映到行事曆上。切記，排定行程而非清單。

父母

人們說，你能透過人們如何運用時間，得知他們真正重視什麼。我知道你愛你的孩子勝過一切，他們很可能就是你最重視的事。但是你花了比較多的時間陪伴他們，還是打掃家裡？你真的有需要還是習慣加班到很晚？思考一下排定停止工作的時間點；在行事曆放上「該回家了」的行程。一如已故的前英特爾（Intel）總裁安迪・葛洛夫（Andy Grove）所言：「要做的事、無法完成的事，總會越來越多。」倘若你是按照待辦清單過日子，那麼你要做的事總會越來越多。你要按照行事曆過日子，預留與家人共進晚餐、協助課業或睡前說故事的時間，並確保你的時間與價值觀相符。

個人

領導是從領導自己開始。我們太常讓他人領導自己……領導自己去因應他人的危機、解決他人的問題、解除他人的燃眉之急。但請記住，你若不是正致力於自己的目標，就是正致力於他人的目標。所以，你真正重視的是什麼？你在這些個別領域中的目標又是什麼？現在，在每日或每週預留一個個時段去追求這些人生目標吧。無論是每日上健身房健身、每週檢視財務狀況，或是每個月暫時和配偶分開一天，你都要不計代價地捍衛自己保有這些時段。

譯注

1 克林・鮑威爾：於小布希總統（George W. Bush）任內擔任美國第六十五任國務卿，是首位擔任美國國務卿的非裔美國人。

2《創業鯊魚幫》：又稱《創智贏家》，每次都會有五位資深創業家和投資人充當所謂的「鯊魚」，並提出一連串的問題來考驗這些前來「面試」的創業家有多少能耐，最後再決定是否投資。

第 7 章

偏心

我正在領導一個大約兩百五十人的團隊，其中一名直屬部下尚恩（Shawn）告訴我，他與一名直屬部下聊得很不開心。

「她抱怨了一堆，但基本上就是指控我偏心。」他開始說道。

尚恩是我最優秀的團隊成員之一，而且他全心全意地投入公司，一大早六、七點就到辦公室上班，然後到了晚上多數人正準備下班回家時，他還在那裡。公司裡的人都知道他有點脾氣，而且愛開團隊成員的玩笑，還會戲弄他們。剎時，我畏縮不前，認為此事就要變成我沒時間也沒勇氣處理的人事難題。

「那你怎麼說？」我希望他有好好地替自己辯護。

「我告訴她，她沒錯。」他一邊說，一邊輕聲笑著：「我是偏心。」

「什麼？」

直到那時，我對「公平」的看法都還很單純。經理不應該偏袒或欣賞某些團隊成員；他們應該以相同的方式對待團隊中的每個人。實際上，我很可能認為偏心就是不道德的。

尚恩在剛剛那件可被視為「推動指導」（mentoring up）的案例中，繼續解釋自己的領導風格。

「我告訴她，我的確偏心。比起表現不佳的人，我花比較多的時間跟表現優異的人在一起，將比較多的機會給予那些看起來有潛力的人，就連那些『鮮少犯錯』和『老在犯錯』的人，我處理他們犯錯的方式也不盡相同。」

這種想法激發起了我的好奇心。我還是很擔心他那名沮喪的職員，於是問道：「她怎麼回答你？」

「她說：『好，那麼請告訴我，我該怎麼做才能讓你對我偏心。』」

偏心不是任用親信

在尚恩讓我恍然大悟之前，很多管理者都和我沒有兩樣。我們從來沒有真正地深入思考此事，並對「以相同的方式對待每個人就叫公平」的概念信以為真。平等地對待人們看似公平，甚至合乎道德。身在美國，我們或許對「人人皆生而平等」的想法根深柢固，或許我們從沒想要基於性別、年齡、種族、宗教或性向而差別對待人們，這麼做會超出我們的道德底線。同時，我澄清一下，基於以上任何理由的偏心，都是錯的！偏心並不意味著歧視。

我們也可能混淆了「偏心」和「任用親信」，後者是基於友誼或某種特殊的從屬關係，並非出於功績或長處，而給予他人優惠的待遇或職務。偏心不意味著更改規定或績效標準。人人都適用規定，只是結果不同。

沒錯，或許人人皆生而平等，然而，一旦他們受你雇用並加入你的團隊，他們便擁有截然不同的：

- 天賦
- 經歷
- 態度
- 技能
- 溝通方式
- 學習方式
- 職涯目標
- 需求
- 敬業度

人人皆有別，因此，以相同的方式對待每個人，並不意味著我們公平地對待他們。實際上，那是非常不公平的。

我真希望自己在早期工作時就明白了這個道理，那麼就會讓我免於不少的壓力和耗時的對話。

▼不行，即使山姆的醫生說他背部有問題，我們還是不能買給他一千美元的人體工學座椅，因為這麼一來，我們就得為每個人購買一千美元的座椅。

▼不行，我們不能因為安德莉亞的夜間視力不良，就讓她每天四點下班，因為如此一來，我們就得讓每個人都四點就回家。

▼不行，即便那幾間有窗戶的辦公室是空的，我們還是不能讓兩名新進同仁搬進去，因為公司就是規定只有主任層級的人才能擁有獨立辦公室。

讓我不知如何處理的不是個人的請求，而是與整家公司的標準和文化相關的問題。還記得我有一名團隊領導者卡爾拉（Karla），她在某一年業績極佳，為公司帶進的營收和利潤都比其他團隊高出許多，名符其實地替我賺進了數百萬美元。卡爾拉具有領袖風範，所率領的團隊也開始慢慢形成自我的身分認同。他們想出了自己的企業宗旨與價值，以補充公司現有的部分。卡爾拉還會在我辦完公司全員大會和每季的茶思會後，緊接著展開她個人團隊層級的重大活動。不久後，就有幾個人跑來找我，質問我為何能夠允許卡爾拉的團隊擁有自己的次文化。他們為什麼特別？這不是違反「一個團隊」的精神嗎？這不公平！

由於我當時還不瞭解差別對待人們並非問題，深受這個問題所苦。我很可能嘟嚷著一些類似「只要她所做的，與我們的價值和文化不完全衝突，我就沒意見」的話。但基本上，我卻讓這個問題一直懸而未決。卡爾拉很清楚人們在抱怨她，然後我似乎沒支持她；而抱怨的人覺得自己不受重視，因為我偏心，事情看起來也有失公平。

我後來瞭解到，還有你接下來會讀到的，就是：團隊合作很重要，但有時團隊裡的明星球員——某個比他人表現優異許多的人——值得不同的對待。

堅定卻彈性：領導的自由

一九九二年，《芝加哥論壇報》（*Chicago Tribune*）撰稿人薩姆・史密斯（Sam

Smith）曾經寫過一本關於芝加哥公牛隊（Chicago Bull）於一九九〇年至一九九一年奪得NBA賽季總冠軍之內幕的書，名為《喬丹法則》（*The Jordan Rules*）。該書起初被公牛隊的敵隊拿來當作對付麥可・喬丹（Michael Jordan）這名史上最優秀的籃球員的策略參考。但該書也指出了，喬丹受到公牛隊教練、球隊老闆，甚至是裁判不同的對待。《喬丹法則》甫出版便掀起了一陣騷動，然而，對於培訓過各種球員的教練而言，明星運動員受到他人不同的對待，早就不是新鮮事了。

史上最優秀的籃球教練約翰・伍登，就曾經在《伍登論領導》一書中描述自己如何在這個問題上逐步進化。他一開始擔任教練時，就告訴自己的球員，他會一視同仁，因為那才叫公平，他還會試圖做到公正不阿。他接著寫道：

> 我逐漸開始懷疑這麼做既不公平也不公正，實際上還恰恰相反。自那時起，我才開始宣告團隊成員，他們不會受到相同或類似的對待，而是會得到他們贏得且應得的對待。這麼做聽起來或許有差別待遇，或者讓人聯想到偏心，但其實兩者皆非。

「K教練」麥克・沙舍夫斯基在其《領導，帶人更要帶心》（*Leading with the*

Heart）一書中寫道，許多領導者都喜歡立下規定，因為這樣比較容易，他們不必實際去思考處理每種狀況的最佳方式，但他學會的最佳處理方式，則是保持彈性，即便這麼做比較困難。他寫道：

> 以練習遲到為例。如果有一名類似湯米・亞梅克（Tommy Amaker）那樣資深的球員，他近四年內都沒出錯，卻突然在某次搭乘球隊專車或參加球隊會議時遲到了，那麼，我會等他幾分鐘。他已經藉著長期準時出席而建立起大家對他的信任……然而，對於一名尚未建立起信任的新進球員，我可能就比較沒有彈性。

K教練把自己對彈性的偏好稱作「領導的自由」（latitude to lead）。值得注意的是，對於每個人的規定都要相同，只是懲罰各異。堅持有些球員得要準時現身開會，有些則不必，這並不公平；但你在決定如何處理事情時，若能把較廣泛的背景狀況納入考量，這就很公平了。

美國橄欖球超級盃冠軍蓋瑞・布拉克特在印第安納波利斯小馬隊（Indianapolis Colts）待了九年，他從美式橄欖球退休之後，便重返校園、取得工商管理碩士學位，如今坐擁並管理「醃黃瓜堆」（Stacked Pickle）這家在全美十個據點擁有連鎖加盟分店的美式餐廳。在他蒞臨〈LEADx 領導秀〉擔任節目嘉賓時，我詢問了他會給新上任的管理者什麼最重要的建議，有趣的是，他的回答幾乎跟 K 教練一模一樣。

我的管理方式就是，你不會平等地對待每個人，而是會公平地對待每個人。那個過去三年來都準時到班、最近卻因為處理車子的問題而遲到一週的女性員工，相對於那個剛來三個月，卻從報到日起就週週遲到的小夥子，兩者是截然不同的個體。瞭解到這兩種事態後，我在餐廳裡對待他們的方式就截然不同，這樣才能真正贏得員工的忠心及認同。

最好的教練不是基於自己比較喜歡什麼而偏心，而是基於那些贏得優惠待遇的人，給予他們應得的對待。

對時間偏心

希．維克曼是一名針對上班族不時上演閒聊、緋聞和談戀愛的戲碼而進行研究，並且提供諮詢的成功企業家。她在《卓有成效的情景領導》（*Reality-Based Leadership*）一書中，鼓勵我們要先「跟積極肯做的人共事」。這些是你團隊中最優秀的人，他們每日兢兢業業地出現、主動積極地提出想法和解決方法，同時產能最高。維克曼推估，大約有二十％的職員屬於這個類別，而我們的挑戰就在於留住他們（亦即不讓他們跳槽），因為這群人在未來總會握有最多的工作選項。

維克曼還描述了映襯這群人的鏡像，也就是其他二十％的人似乎總是在抱怨、拒絕改變，或是在製造麻煩。但身為管理者的我們，大多會把時間花在這群人身上。我們花費額外的時間給予他們建設性的回饋，並且培訓、輔導他們；我們還花費額外的時間聆聽他們的抱怨；我們更花費額外的時間約束他們。維克曼個人的研究指出，一名問題職員會導致管理者一年多出八十個小時的工作。

我回顧起自己的領導軌跡，對於自己過去有多努力試著討好這些人而侷促不安。琳達聲稱自己有低血壓，所以老是覺得冷。她每週都會帶著新的請求路過我敞開的辦公室大門。」「你可以調高溫度調節器上的溫度嗎？」「我可以把辦公桌搬離那扇窗嗎？」「你可以打電話給空調公司，要他們調整一下我辦公桌上方的通風口嗎？」「我可以把辦公桌搬離那個通風口嗎？」「你可以幫我買一台室內電暖器嗎？」「因為現在太熱了，你可以把室內電暖器拿走嗎？」「家裡沒這麼冷，我可以居家辦公嗎？」瘋狂的是，我居然還試圖去接納所有這些沒完沒了的請求。如今，我比較可能會說：「琳達，妳沒有毛衣嗎？」

事實上，對於被蓋洛普諮詢公司歸類為「非常不投入」的那些人，我一向都採取很強硬的作風。根據他們的「全美職場狀態」最新研究，有十六％的職員屬於「在職場上自怨自艾，並且會破壞由最敬業的職員所建立起的一切」這一類型。當我在世界各地的會議及公司的茶思會上演說時，經常被他人問到該拿這群人如何是好。個別的管理者會問：「我整體的敬業分數真的很高，團隊中的每個人幾乎都全心投入、兢兢業業，但有一名女性員工，我似乎就是拿她沒辦法。我該如何讓團隊中的最後這一人投入工作呢？」

我的回答總會讓人嚇一大跳：「你就開除她吧。」你可以和緩地這麼做、可以帶著同理心這麼做、可以幫助她在別處找到新工作，但你就是應該迫使她離開團隊。讓我澄清一下，我所說的並不是表現普遍、「不投入」（即不是「非常投入」，也不是「非常不投入」）的那一大群人，而是長期負面消極的那一小群人。他們就是在調查受訪時，會表示他們對工作不滿意、不會引薦友人進入這家公司服務，而且經常想著換其他工作的那些人。

一如維克曼在書中重覆指出的，我們無法改變他人。這些「非常不投入」的人，很可能就是我們在雇用時所犯下的錯誤。也許他們會當律師，是基於父母的要求，但自己恨透了成為律師；也許他們享受在資訊部門工作，但偏好T恤搭配涼鞋的矽谷文化，勝過卡其色正式衣裝的紐約市文化；也許他們對於每天一早單趟通勤兩小時而感到忿忿不平。無論他們的問題為何，那都是他們的問題，而不是你的問題。

在問題職員上投注不成比例的時間所造成的風險，就在於未把相同的時間和注意力花在其他團隊成員上的成本。我們能夠花費這些時間「再招募」（re-recruiting）自己的績優員工，以確保他們不會被其他公司挖角；我們還能花費這些時間輔導中階員工，讓其中幾名從一般員工躍升為績優員工。思考一下你的團隊成員，再思考一下你上週把時間花在誰的身上。現在，你是不是正把精力投注在對的人身上？

促使人人敬業，但作法不同

全世界的人受到激勵的方式全都一模一樣嗎？實際上，是的，只不過……

在拙作《我們：如何透過充分敬業提升績效和利潤》（*We: How to Increase Performance and Profits Through Full Engagement*）中，我和共同作者魯迪・柯森（Rudy Karsan）向大家分享了一項從一百五十個國家的一千萬名員工得出的調查結果分析。我們指出了「敬業」（一個人在情感上對其雇主和目標的連結）的十二項動力，並把焦點集中在三大主要動力：成長、認可和信任。人們想要在工作上學習、成長，並且更進一步；人們想要受到管理者和同儕的讚賞；人們不僅在道德上想要信任資深的領導者，他們還想要「信任」領導者對未來有所規畫，並將成功地引導組織邁向目標。

當我向世界各地的管理者發表演說，要他們專注在成長、認可和信任時，經常會被問到文化上的差異。「你怎麼能說全世界的每個人受到激勵的方式全都一模一樣呢？」訣竅就在於，就宏觀的層面而言，這些動力人人適用，但就微觀的層面而言，運用的方式必須個人化。

畢竟，鮮少有人會說：「不，我不想在工作上成長、更進一步。來年我想變得更蠢、領更少的薪水。」但身為領導者，你如何激起一名二十五歲的人對於成長的動力，如何激起一名六十歲、再過幾年就要退休的人對於成長的動力，或許是截然不同的。對於比較沒經驗的職員，或許你要經常舉辦職涯對話、派她參加培訓研討會，並且補助研究所學費，但對於比較資深的職員，或許你要爭取他擔任年輕員工的顧問或培訓師，於是他得要學習當老師的新技能。

同樣地，在全世界的任何角落，不太有人會說：「我上週才工作了一百個小時，就輕易地超越了既定目標，但我寧願上司沒注意到，然後就像對待周遭其他懶鬼那樣對待我就行了。」大多數人都希望自己受到讚賞，但同樣地，你如何表達讚賞將會因人而異。我不得不承認，世界各地都有不同的文化標準。有人告訴我，在美國可能會準備氣球、蛋糕並歡唱的職場慶生會，換作在荷蘭，就內斂得多。即便擊掌、擁抱等動作會造成人力資源部的憂慮，但我在美國時常看到同事這麼做，但在中國大陸……這番場景卻不多見。

關鍵的要點，就在於把每個人都當成「個體」來對待，分別與每個人交手，而非按照性別標準或文化標準來對待，而且鐵定不會「一視同仁」。你也要針對團隊成員偏好如何受到認可而進行微調。或許伊恩只要在每週的團隊會議上獲得上司向他公開致意，就會自傲地眉開眼笑。但公開致意或許會讓克莉絲汀很難為情，而她比較偏好你親手寫下一張感謝函。他們喜歡如何成長、發展？或許貝拉透過閱讀學得最好，吉安娜則喜歡加入工作坊學習。未來他們如何充分瞭解到自己的工作怎麼扣合組織中更遠大的目標？或許艾比只要聽總裁講過一次就記住了，但愛麗或許得要印出公司的年度目標，並把它釘在辦公座位的隔牆上。以相同的方式對待每個人確實比較容易，但是毫無效率。你要花時間去發掘如何扣下每一名團隊成員「敬業」的扳機。

貓、狗和金佛

「我若正要雇用某人從我家前方的池塘中揀出樹枝，然後有隻貓來應徵，牠在這方面擁有碩士學歷……」當我問起戴夫・蒙森（Dave Munson）會給予可能正在收聽〈LEADx 領導秀〉節目的新任經理什麼建議，他一開始就是這麼說的。蒙森是我訪問過最有趣且卓越不凡的人之一。身為美國德州馬鞍皮件公司（Saddleback Leather）的創辦人暨總裁，他已經讓馬鞍皮件從每月銷售一個皮革包的公司，成長為每年線上銷售達到一千五百萬美元的大企業。他在一路上遇到了不少轉折。一如他在網站上所說的：「一位性感的老婆、兩名超棒的孩子、十四名盧安達的子女、一隻超酷的狗，和一個奉派取我性命且詭譎狡詐的法西斯分子（federale），或多或少造就了馬鞍皮件的故事。」然後他撇除了自己在墨西哥華雷斯城（Juarez）鬥牛，以及在沒有熱水、月租一百美元的公寓住了三年的過去。但我們先回到他的建議……

「……接著拉不拉多出現了，牠渾身濕透，那我絕對會雇用拉不拉多！我才不會要求那隻貓整天游泳、揀回樹枝。」蒙森所指的是，在對的職務上雇用對的人。那個對的人，未必擁有相應的學位或履歷，卻很自然地具備了你心目中那種工作所需要的特質或專長。對我而言，蒙森的建議中最關鍵的部分，就在於他提及拉不拉多出現時已經渾身濕透的那一刻。我的顧問之一比爾・埃里克森就曾經告訴過我，真正的專長不僅僅是你擅長或喜歡去做的事，而是你「不做會很痛苦」的事。

一旦心中有了這樣的定義，我便想起了好兄弟伊恩，他是我見過最有天分的專業營銷人員之一，而且他真的很善於交際。如今，我在業務上也有了一番成就，卻得要強迫自己去做業務，這很痛苦！身為一個超級內向的人，我痛恨外出拜訪客戶、痛恨打電話給從沒接觸過的潛在顧客進行推銷，實際上，我甚至痛恨打電話給已經認識的人！但伊恩不同。我認為，當他在跟某人通電話時，那才是他感到最棒的時刻。他喜歡一天跟五十個人說話，因而感到精力充沛。事實上，我在打電話給某個不認識的人進行推銷時的感覺，很可能就是伊恩坐在家裡的沙發上，手上只拿了一本書的感覺。

一般領導者可能嘗試用某種標準的方式分配工作，好讓自己看似公平，但優秀領導者則會根據人們與生俱來的天賦和高度發展的技能，給予不同的人們不同的工作。除此之外，他們還會讓不同的人用不同的方式去做相同的工作。我就是藉著觀察團隊成員什麼做得好、什麼做得不好，並且提出諸多疑問，才得知團隊成員不同的專長，比如說：

▼倘若你什麼工作都能做，你會做什麼？
▼你上一次感到得心應手是在什麼時候？也就是你順手到完全沒注意時間的時候，你正在做什麼？
▼從現在起的五年內，你想要做什麼？
▼你討厭做什麼？什麼工作對你來說超級無聊？

我認為，領導者能送給他人最大的禮物之一，就是指出或鼓勵某人去發展她自己也不知道的天賦。一說到發掘我們的專長或天賦，我便忍不住想起那座被稱為「金佛」（Golden Buddha）的雕像。一九五五年，泰國曼谷有一座十英尺高的泥塑佛像正要被挪放到新的地點。在搬運的過程中，泥像上剝落了一片泥土，揭露了它是一座被泥土覆蓋的純金佛像。若以今日的金價概估，那尊金佛的價值大約是兩億五千萬美元，但它真正的價值卻被隱瞞了六百多年。歷史學家在充分研究後做出總結，表示當時的泰國佛僧可能以十二英吋厚的泥土覆蓋住「金佛」，以騙過來自緬甸的入侵者，而那些佛僧在慘遭襲擊者殺害後，藏在泥土下的真相就隨之灰飛煙滅了。

我們天生俱有某些特定的專長，也能發展出這些專長，但我們經常受到自身想法所侷限，埋沒了這些專長；我們缺乏信心去追求真正的天命。實際上，我曾經鼓勵一些人轉換工作內容、改做業務。起初，他們都很懷疑，但於此同時，那些已經迅速展開行動的人，早已經邁入了六位數美元的職涯，並在幾年之內開心地越賺越多，比他們以前所賺的還要多。你能送給團隊成員最棒的禮物之一，便是成為那道光，照亮他們與生俱來的專長。

你偏愛哪個孩子？

幾週前，我在家裡聽到不尋常且低沉持續的嗡嗡聲，於是我衝進客廳，結果令我渾然不解卻也無比開心的是，我看到女兒阿曼達正拿著吸塵器吸地毯。我的另一個女兒娜塔莉則是躺在沙發上無所事事。在我從孩子沒被要求就主動做家事的震驚中回過神後，很自然地迅速掏出手機、啟動Snapchat，並錄下一段女兒吸地毯的影片，同時搭配自己在一旁高聲唱著：「我最愛的女兒、我最愛的女兒！」後來我馬上嚴厲批評躺在沙發上的娜塔莉，並唱著：「不是我最愛的女兒、不是我最愛的女兒！」

噢，老爸又在開玩笑了！實際上我非常緊張，害怕孩子會因察覺到我的偏心而受創，以致當本書的草稿一完成，我便一一細數自己在書中提到了阿曼達、娜塔莉和歐文的次數，然後增減書裡的敘事內容，直到他們每個人被提到的次數都一樣。

美國加州大學戴維斯分校（UC Davis）的凱薩琳・康格（Katherine Conger）教授指出，我有警惕的理由。她發現，有七十％的父親和七十四％的母親都向研究人員坦承，他們會表現出對其中一個孩子偏心。

這類的研究各有不同，但預告了人們可能會偏心的因素包含了出生次序、性別和個性。而且說真的，據此給予不同程度的愛、關注或物品，不但很糟，還會招致各式各樣負面的家庭動態，以及不被偏愛的孩子更加失能的問題。

但父母可以透過類似管理者在工作上偏心的方式，對孩子表現出偏心——正式名稱為「父母的差別對待」。你對嬰幼兒和青少年的行為標準，應該有所不同。若有一個孩子以往從沒錯過宵禁，但另一個卻是慣犯，那麼你對前者錯過宵禁的懲罰應該比較輕。你也應該鼓勵每個孩子發揮原有的興趣和專長（舉例而言，別當起足球家庭，父母踢球，孩子就要跟著踢球）。父母基於不當的理由一貫地偏心，可能會傷害一個家，但若基於合理的理由差別對待，便會釋放出「在家做什麼就會得到獎賞」的強烈訊息，並促使一個人發展出真正的專長。

在軍中偏心

「士兵，我們會敬禮。」克里斯・道林（Chris Dowling）上校嚴厲地提醒了一名正排隊等候取餐的年輕海軍陸戰隊士兵。我此生最難忘的其中一天，就是前去拜訪了美國海軍陸戰隊位在聖地牙哥的新兵基地。當天體能訓練營的新兵才剛結束一場長達五十四個小時、令人精疲力盡且名為「煉鋼爐」的測試。數十名新兵前兩天都沒吃沒喝，剛剛才贏得「美國海軍陸戰隊」的稱號，如今正在自助餐廳排隊，等著享用為他們準備好的「戰士早餐」。當我們走過剛合格的海軍陸戰隊士兵，他們絕大多數都會「啪」一聲俐落地向道林上校立正敬禮，但有些人卻沒這麼做，道林上校每次遇到這種情況，都會停下來說：「士兵，我們會敬禮。」在別人向他敬禮之後，我們才會繼續朝著隊伍前方行走，直到這種情況再次發生。

當我向他問起此事，他告訴我，他只是在提醒他們；他還說，若是一週前有新兵沒向他敬禮，他會要求他出列、罰做伏地挺身，甚至更糟。然而，在他不打算忽視違紀行為的同時，他告訴我，他很清楚那些正半夢半醒地站在那裡的男人，很可能只是沒看到他走過來而已。這些剛出「煉鋼爐」的士兵受到的責罰，和其他沒敬禮的士兵會受到的責罰有別。標準一概相同，未被忽視，只是處罰不同。

一如字面上的意思，有時你可以很輕易就「看出」如何結合某人的專長和他的職務。已退役的美國海軍陸戰隊上校約翰·鮑格斯告訴過我，他曾經帶過一名體格壯碩的年輕新兵，但這名新兵老是搞不清楚最簡單的規定——像是在句子一開始或結束時加上「長官」這種基本的規定。於是，鮑格斯上校就把這名新兵分配到小隊中擔任指定的自動步槍兵，也就是陸戰隊中扛起巨型機關槍的士兵。如今，這名年輕的 M249「槍手」肩負著使命，成了一名自傲且出色的海軍陸戰隊士兵。

軍事領導者通常要運用額外的精力，才能依照個人的專長培養出下屬領導者（subordinate leader）。美國陸軍軍事心理學家梅琳達・基・羅伯茲（Melinda Key-Roberts）博士在《軍事評論》（*Military Review*）發表的文章中指出，美國軍事學說的核心教條，就是「培養專長（而非僅僅矯正缺失）正是培育下屬領導者充分發揮潛能的關鍵」。但很不幸地，在找出專長方面，有太多軍隊領導者會使用既定的「軍隊評估回報系統」（Army's Evaluation Reporting System）或「軍官評估報告」（Officer Evaluation Reports），這就像是一名公司的經理使用人力資源部的年度績效考核來思考員工的專長。以上皆不是具前瞻性，又能有效培育領導者的方法。

此外，基・羅伯茲博士還指出，軍隊領導者必須花時間去找出下屬領導者有何專長、給予個人化的特定回饋，並且讓他善用這份天賦，即便其他人看不出他具備這項特長。正如一名軍官曾經告訴她的：

我帶過一個很棒的傢伙，他是個精壯的猛男，另一個傢伙也是超壯的……不過，他很善於聯絡，是我的聯絡官，我就是這麼安排他的……實際上，他原本不是聯絡官，而是偵察兵，但他就是善於聯絡、很清楚自己在幹嘛……我瞭解到他擅長什麼，就說：「好了，你就擔任我的聯絡官吧。」

另一名軍官給了以下的範例：

一整天下來，我會分派那名擁有良好溝通技巧的中尉，與伊拉克安全部隊進行更複雜的互動，然後我會分派那名不善辭令卻能一腳把門踹開且發動突襲的傢伙，參與更多的動能作戰（kinetic operation）。

有太多管理者在自以為客觀公正的情況之下，以相同的方式對待自己所有的團隊成員。如此對待表現最優異的人，其實極為不公，他們肯定會在瞭解到自己並沒有比其他懶鬼獲益更多之下，前往追求更好的工作機會。

關於紀律，優秀的領導者很清楚人人都得適用規定和標準，雖然以相同的方式對待每個人比做出決定更容易，但是違紀的後果應該視情況而有所不同。

優秀領導者也很清楚要花時間找出每個人的專長，然後扣合其工作機會和職涯選項，才能充分運用他們。

各類職務者的運用方式

經理

你要花費額外的時間去瞭解新進的團隊成員。詢問他們在表現最好時，都是在做些什麼，並詢問他們在工作之餘喜歡做什麼。思考一下刻意混雜工作上的角色及任務，再看看人們的表現如何。關於違紀，切記，要使用相同的規定及標準，但要改變處罰的方式。

專業營銷

優秀的業務人員很清楚不是所有的客戶都相同。對於能讓你賺大錢的客戶，還有讓你賺不到什麼錢的客戶，你花在他們身上的時間都一樣嗎？你會像對待大客戶那樣，常常「設酒款待」（wine and dine）小客戶嗎？思考一下把所有的客戶畫成矩陣。每個客戶有多重要，相對於你要多努力地服務他們？那些相當重要卻不怎麼給你添麻煩的客戶，才是你應該偏心的客戶。

運動教練

下次有球員犯規時，無論是開會遲到還是穿錯服裝，請先思考一下事情的全貌。他們是習慣不尊重別人，還是犯了平時不會犯下的錯？據此改變你的處罰方式。K教練素以在每年加入新球員時，便改變那一年的練習方式和比賽策略聞名。你現在的球員還需要專注在用於去年球員上的相同訓練方式嗎？你應該如何在比賽中充分運用你的球員？他們比較像是組織進攻的隊伍，還是快攻的隊伍？

軍官

軍隊領導者肩負起所有的法定要求及時間需求，他們必須牢記，自己被賦予了「培養下屬領導者」的任務。請優先考量跳脫層級和軍職專長代碼，以找出並進一步利用某人的專長。在你觀察人們工作時，請注視、聆聽，並詢問他們擅長什麼，再分派給他們職責之外的任務。

父母

比起當一個沒意識到自己對哪個孩子偏心的母親，當一個承認自己對哪個孩子偏心且有所調整的母親安全多了。正因為你比較喜歡自己的其中一個孩子（你還是可以一樣愛他們），所以你得密切注意自己一貫的偏愛行為。反之，請記住你可以依據孩子們的年齡和行為，個人化你對他們的期待、處罰以及其他相關的活動。

個人

身為成人，「偏心」這個詞在傳統意義上是有益身心且受到鼓勵的。思考一下所有的家人和固定與你互動的友人。誰會讓你開心、對你有益？誰又會唱衰你，似乎讓你在跟他講過話後感到很糟？你值得開心，並且有權刪去生活中負面消極的部分，即便這意味著你減少和某些家人相處的時間（噢，真是太罪過了！）。你如何花更多的時間與喜歡的朋友相處？又如何給予他們額外的時間、注意力與支持？

第8章

揭露一切（甚至薪資）

想像一下，你的經理雷邀請你和四名同事跟他開會。在長達一個小時的會議結束後，你既沮喪又憤怒地走出了會議室。「真是浪費時間！找大家來開會卻什麼都沒有準備，真是太魯莽了！」當你回到座位上後，決定要發送電子郵件給上司，這樣他才能確切地知道，你對他的看法。你寫道：

雷，你今天開會時的表現只配拿到D……由於你無從準備起，所以根本就沒準備，整個人毫無頭緒。未來我會要求你花一點時間準備，或許我應該先出現跟你講講話，好讓你暖個身之類的，但無論如何，我們就是不能再發生這種情況了。

你發過類似這樣的電子郵件給你的上司嗎？

現在，想像一下你的上司，雷，是全球的百大富豪之一，也是一家公司的創辦人暨總裁。實際上，那家公司正是全球最大的避險基金投資管理公司，坐擁一千六百億美元的資產。聽完這些之後，你發送這封電子郵件會變得更困難，還是更容易？

前述的那封電子郵件是真的。那是一封由橋水基金（Bridgewater Associates）的職員發送給老闆雷・達里歐（Ray Dalio）——全球最富有且最成功的投資人之一——的電子郵件。達里歐既不覺得受到冒犯，也沒有處分反抗的職員，而是開心地在他名為〈如何讓公司裡最好的點子總是勝出〉的TED演說（TED Talk）中分享這封電子郵件。在橋水基金，人們所分享的並不僅限於公司的資訊，還包括對於同事所有的點子和行為的即時回饋。達里歐解釋了自己在一九八〇年代早期太過自信而最終誤判的經驗，那次讓他賠上了自己的事業和所有家產，因此激勵他打造出一種「培養出更佳決策」的文化。

我想要找最聰明的人來反駁我，讓我瞭解他們的觀點，或讓他們來對我的觀點做壓力測試。我希望培養優秀想法勝出的功績主義（ideameritocracy）。也就是說，不是我說什麼、你做什麼這種獨裁主義，也不是人人的意見都平等的民主。我想要的，是那種最好的想法會勝出的功績主義。為了做到這一點，我瞭解到我們需要擁有徹底的誠實，還有徹底的透明化……人們能夠說出他們真正相信的，並看到一切。

當他說「看到一切」時，是認真的。橋水基金錄下了每場會議，而且每名職員都能觀看存放在線上「透明圖書館」（Transparency Library）的錄影內容。他們還會召開名為「深層探究」（drilldown）的特殊經理會議，以診斷問題並鑽研解方。橋水基金的文化雖然獨特，但他們的成果也一樣獨特。

徹底的透明化孕育出優良的文化

像雷・達里歐這樣沉浸於優秀想法的功績主義的領導者並不多，而且不是人人都會在即時的團體批判下成長茁壯。不過這種趨勢很明確：高度成功的領導者正以一種徹底透明化的模式進行經營。他們分享一切。

這與數百年來人們深信「資訊就是力量」的方式相違背。「資訊就是力量」意味著擁有資訊的人，比缺乏資訊的人更有力量。在大家都抱持著「業務就是零和遊戲」的傳統觀念下，例如，我們都是業務代表，但只有其中一人會在今年升上業務經理，那麼我便受到刺激而不去幫你，以防你在提升績效之後將我擊敗。倘若你和我雙雙經營著公司內的業務單位、相互爭奪著年度的預算分配，那麼與你合作，就是要我從明年的預算中掏出錢來；倘若我們同樣都是專案經理，你問我認不認識什麼好的自由軟體工程師，我的第一個想法就會是，若是你雇用了我最鍾愛的自由軟體工程師，那麼她就沒空進行我的專案了。

然而，在全新的工作世界中，我們或贏或輸，都是取決於團隊的力量，而非個人的力量。倘若我們兩年內就會破產，那麼升遷或多爭取到五%的預算金額，又有什麼意義呢？身為二十一世紀的領導者，我們必須瞭解，徹底的透明化、分享一切，是孕育出許多珍貴事物的肥料。

第一，徹底的透明化提供了你的團隊成員必須迅速做出妥善決策的狀態意識（situational awareness）。你沒有時間找尋資訊、清空資訊、把決策踢給上層的指揮鏈。我們需要即時的數據，這樣業務代表才能迅速地回覆潛在顧客的提問；我們需要共同的目標，這樣職員才能扣合目標和工作；我們需要財務透明化，這樣員工才會撙節用度；我們甚至需要分享自己的失敗，以做為團體學習，並打造出一種冒險與創新的文化。

第二，徹底的透明化能直接提升敬業度。就我身為企業領導者的個人經驗，還有根據我針對一千多萬名職員所做的調查分析指出，「溝通」正是提升敬業度的前四大動力之一。職員總是想要更多的資訊，不可能有所謂的過度溝通。透明化的公司就是處於完全溝通的模式，並以此為標準的營運方式。當雷・達里歐把這種方式推向極致，橋水基金便很有效地提醒大家，透明化的資訊能夠且應該從四面八方而來。你的團隊成員認為你這個領導者當得如何？也許發送電子郵件並不是找出答案的正確機制，但透明化的組織為了找出答案，將會採用三六〇度評估、職員調查，以及數位意見箱等方式。

第三，徹底的透明化能促進信任，也提升敬業度。根據二〇一七年度愛德曼全球信任度調查報告（2017 Edelman Trust Barometer），由於當時的政府官員、企業領袖和媒體的公共信任度都創下史上新低，於是產生了所謂的「信任爆裂」。實際上，人們表示信任自己總裁的比率，從二〇一六年的四十九％下跌到二〇一七年的三十七％，一年內減少了十二個百分點。失去信任的方法之一，就是撒謊後被逮個正著。但還有另一個更普遍的方法，就是只說好消息，不說壞消息。有太多領導者相信電影《軍官與魔鬼》（*A Few Good Men*）中傑塞普上校（Colonel Jessup，由傑克・尼克遜〔Jack Nicholson〕飾演）所相信的：「你承受不了事實的真相！」當我們的領導者只分享好消息、好的財務結果、勝利、優點和契機，我們就會知道自己只瞭解一半的狀況。這是省略後的謊言。

我們需要自己的團隊成員充分瞭解狀況，這樣他們才能迅速地做出妥善的決策；

我們需要他們全心投入，這樣他們才會無條件地對事業付出。而徹底的透明化，正是上述兩者的動力。

從「知識就是力量」到「分享就是力量」

軍隊不是你寄望會學到有關透明化的課程，還有散布敏感性資訊的地方。階級式命令控制結構的概念，源自古羅馬軍隊，爾後工業革命時代的公司受到了這種「毫無疑問地服從命令」的軍事文化所鼓舞。因此，我們在處理生死攸關的大事時，也常把這類的資訊視為機密，並且只向需要知道的人透露。

實際上，已退役的美國四星陸軍上將史丹利・麥克克里斯托（Stanley McChrystal）在二〇〇三年擔任聯合特種作戰司令部（Joint Special Operations Command）任務小組司令時，軍中就存在著這種閉門造車、隱匿資訊及缺乏信任的文化。當時，麥克克里斯托的任務是要擊敗伊拉克蓋達組織（al-Qaeda），而該組織能夠自我規畫、迅速地適應敵方，不同於他過去曾交手的對象。麥克克里斯托在退役後接受的一次訪談中，解釋到傳統上「向組織呈報資訊、向下屬傳達決策」的體制已經不再管用了。他說：

為了擊敗伊拉克蓋達組織這樣的敵人，我們必須「以其人之道，還治其人之身」——「須以網絡擊敗網絡」的說法成了我們的口號。我們透過廣泛的資訊分享，建立起徹底的透明化，並把決策權下放至最基層的單位。

麥克克里斯托在《美軍四星上將教你打造黃金團隊》（*Team of Teams*）一書中，詳盡探討了在自己的團隊和其他「能授權最基層的單位做出決策」（他稱為「賦權執行」）的合作組織之間，達到「共享意識」的目標。他寫道：

「共享意識」要求我們的軍隊和友隊徹底採行極度的透明化，而這裡所謂的「透明化」，不是商務界中經常使用的，那種個人直言不諱的同義詞。我們需要的「透明化」，是暢通無阻地將來自組織中其他人的不斷更新的觀點，提供給每個團隊。

隨著麥克克里斯托上將在過去五年來逐漸改變這樣的文化，美軍對抗伊拉克蓋達組織的相關行動也變得越來越成功。麥克克里斯托上將在一次TED演說中，為自己成功的祕訣做出總結：「我們必須改變面對資訊的文化……與其將知識視為力量，不如想成分享才是力量。」

前美國海軍陸戰隊上將查爾斯・科魯拉克（Charles Krulak）也在其作品中呼應了這種盡可能為前線的作戰人員提供資訊與決策權力的概念。一九九九年，他曾經為《戰隊雜誌》（*Marines Magazine*）撰寫專文，名為〈策略下士：三街區戰的領導力〉。所謂的「三街區戰」（Three Block War）是一種隱喻，為下達給海軍陸戰隊前線作戰士兵的同步要求。或許他們正在第一個街區進行人道救援，或許正在一個街區以外進行維和行動，而在第三個街區才在進行真正的作戰。為了成功，他們必須賦予前線最基層的士官長（也就是下士）決策的權力。他在文章中指出，所謂的「結果」：

> ……或許取決於小單位領導者所做出的決策，以及最基層的單位所採取的行動。海軍陸戰隊相對年輕，這本來就是設計好的。未來的成敗，將會越來越取決於步槍兵本身，還有他在聯繫的當下，於對的時點做出對的決策的能力。

科魯拉克也指出，年輕的海軍陸戰隊士兵在世界另一邊所做出的決策，有可能會在隔天成為頭條新聞，甚至帶來策略性的影響。這項事實因為今日隨處可見的攝錄式手機，還有人們能夠即時透過社群媒體散布訊息，變得更加顯著。前線的領導者為了做出妥善的決策，他們必須相當清楚資深領導者的策略意圖，並且具備充分的狀態意識，與將軍們掌握同樣的資訊。

開卷式管理

克莉絲・博施（Kris Boesch）剛當上一家搬家公司的總裁。她先前完全沒有該行業的相關經驗，發現這個工作場所讓人很不愉快，以致職員們公開咒罵彼此，甚至時時準備上演全武行；在財務方面，這家公司已經瀕臨倒閉。但隨著她長期著重在公司宗旨、開卷式管理及職場文化，旗下的職員快速成長，而她也一手挽救了這家公司。

博施在《文化很管用：如何在職場中創造幸福》（*Culture Works: How to Create Happiness in the Workplace*）一書中，記述了她學到的經驗和教訓。當我在〈LEADx 領導秀〉訪問她時，她分享了如何開始教導職員財務報表的內容，以及如何召集每個人進行「連結使命和金錢、金錢和使命」的活動。

> 我會拿來一百份一美元的帳單，按照比例分配好，然後說：「好，現在你是我的

房東，你是我的行銷業務，你是我的保險公司。」再把錢發出去。最後，我會做好薪資單，然後說：「我們今天就只剩下這麼多錢，然後這筆錢要用在應付帳款上，以及我們想要買的新卡車。」

錢就只剩下這麼多。「天啊，原來錢是花在這裡，她並不是在地下室兩側砌上金磚。」剎那間，大家全都瞭解我們是怎麼賺錢、怎麼花錢的。

我還會告訴他們：「聽著，想要提升、增加我們的營收，並不是件貪心的事。這是源自我們想要拓展自我的使命。我們握有更多錢，就能服務更多人；我們服務更多人，就會握有更多錢。」

後來，我的手下回來時會說：「天啊，我不得不送修卡車，但我不會遺落那條搬運毯，因為那要花十二美元，也就是公司兩小時的利潤。」

你只要確定，你一直都在溝通數字和金錢背後的「理由」。

開卷式管理是一種「上至總裁、下至工友的每名職員，都能取得組織內的所有財務資訊，並且接受過如何瞭解這些資訊的訓練」的方式。這個概念主要歸功於傑克・史塔克（Jack Stack），他買下了一家近乎破產的引擎再製公司，並透過授權職員涉入且瞭解財務資訊，讓公司轉虧為盈，之後在《春田再造奇蹟：中小企業重整的典範》（*The Great Game of Business: The Only Sensible Way to Run a Company*）一書中描述了當時的過程。多年來，相關書籍、演說和工作坊一直都在教導數以千計的公司使用這種管理系統，許多開卷式管理系統的教練甚至聲稱，透過施行這種系統，年度的財務收入能夠增加大約三十％。史塔克則針對該系統做出了以下的總結：

1 **瞭解並教導規則：**公司應該提供每名職員企業成功的方法，並且教導他們如何瞭解這些方法。

2 **遵循這種方式並留下紀錄：**公司應該期望每名職員都能依據他／她所具備的知識，改善工作績效。

3 **與結果有著利害關係：**每名職員與公司的成功和失敗的風險，都應該有直接的利害關係。

如今我擁有自己的事業，同時把開卷式管理歸功為一家公司存活下來且急遽成長背後的關鍵之一。起初，我使用的方法不對，當時我分享所有的財務資料，但我不僅公開了損益表（profit and loss statement, P&L）、資產負債表（balance sheet），還詳細地教導大家如何看懂這些表。我會問大家有沒有問題，但都沒有人舉手——當他們睜著眼睛睡覺時，要他們舉手真的很難。

後來我知道，我應該要讓職員反過來教導我那些數字代表什麼涵義，於是，我要大家四人一組坐在一起，再分配給每組一張損益表。比如說，某一桌團隊會分配到辦公用品的支出類別，然後他們在準備十至十五分鐘後，向整間教室的人報告，我們在那個類別中的辦公用品花了多少錢。他們會分享我們的支出是會增加還是下降、實際支出是否落在預算之內、預算之內花費最高的又是哪幾項，再接受臺下聽眾的提問。於是，很自然地會有人不太瞭解某些地方，然後給了我在白板上教導大家組成財務報表基本要素的機會。

已故的傳奇商業巨擘暨通用電氣公司（General Electric）前總裁傑克・威爾許（Jack Welch）在《致勝的答案：威爾許為你解開74個事業難題》（*Winning: The Answers: Confronting 74 of the Toughest Questions in Business Today*）一書中，大力讚揚開卷式管理的力量，並寫道：「你和職員分享越多有關成本與其他競爭挑戰的資訊越好……當人們瞭解到自己面臨什麼困境，他們就能感受到更強烈的持有感、緊迫感，而且經常促使內部作業改善，並提升產能。」但他也警告，職員將會看到你在「這塊大餅」上持有多少比例、他們又持有多少比例，而這很可能帶來麻煩。

我個人從不覺得會有這種問題。在大公司裡，為你工作的人們很可能或多或少早就清楚你在公司的這個職位賺了多少錢，實際上，這還會激勵他們努力地爬到你這個層級。而我經營的一向是中小型公司，我都會小心翼翼地區隔我的薪資和公司的利潤。況且只要一談到利潤，我就會教導團隊成員，上市公司和私人公司的平均利潤為何，還有投資人在相對於把錢丟進股票市場指數基金的風險下，為何值得這樣的報酬。

關於薪資資訊，起初的開卷式管理方法是教導領導者，若要分享薪資資訊，應以「累計總額」呈現。但如果你分享個別職員的實際薪資，會發生什麼事呢？

你不會分享薪資資訊，對吧？

那天，我外出拜訪客戶後，返回了肯耐珂薩公司裡約莫五十人的團隊辦公室。在我走進大廳時，助理突然向我走來，宛若撞見了鬼那樣一臉蒼白。「你知道嗎？」她問道。

「知道什麼？」

她低聲道：「那封電子郵件啊……」

我對於她在說些什麼毫無頭緒。

「人力資源部不小心把職員的薪資試算表寄給了公司裡的每個人！」

「什麼時候的事？」

「大概一個小時之前。人人都把檔案打開來看，對薪資議論紛紛。」

於是，輪到我看起來像是撞見鬼了。

我走進辦公室，打開了電子郵件的收件匣，沒錯，人力資源部的小姐寄出了一封給「全體同仁」的信，主旨寫著：「職員薪資試算表」，並夾帶著試算表的檔案。就在那封關於薪資的電子郵件寄出約五分鐘後，她的上司又發了另一封給全體同仁的電子郵件，主旨寫著：「請勿打開薪資電子郵件！」人人顯然都忽略了第二封電子郵件，打開了第一封電子郵件，我也一樣。我點了兩下附加檔案，然後，沒錯，大約五百名職員的薪資資訊就在那裡。「誰知道鮑伯的年薪七萬五千美元，比我還多，即便他不用負起損益的責任？」我努力地甩開這個念頭。我此刻的反應，就跟我所害怕的團隊成員反應一樣。未來的這幾天想必不會太好過。

所以，你深信徹底的透明化是領導的方式，對吧？

很好！所以那也意味著，你準備好要跟所有職員分享薪資資訊了，對吧？

不，你並不這麼認為。

倘若你對於分享薪資資訊感到很不自在，請捫心自問：為什麼？

你第一時間的反應可能是：那種資訊是很私人的，與他人無關，而且人們會心生妒忌。但真相是什麼呢？

我之所以對於肯耐珂薩公司內人人看到彼此的薪資而感到緊張，是因為我害怕人們會憤怒，然後抱怨；或者憤怒，然後離職。這兩者都很糟。但他們只有在揭露的薪資資訊不公平時，才會感到憤怒，而且這很可能完全出於主觀所造成。這是黑箱。在長期欠缺薪資制度之下，員工的報酬就會發生問題。舉例而言：

▼我們需要雇用第一位軟體工程師，在四處探問之後，得知公司應該一年花七萬五千美元就請得到人，於是把這個金額設定為該職位的平均薪資。

▼但我們真正屬意的應徵者卻說，她現在的待遇已經比這個金額還高，於是我們假定自己弄錯了，然後一年花八萬五千美元雇用她。

▼當我們想要接著雇用二號軟體工程師，那位理想人選說，他目前的待遇是一年六萬五千美元。所以，我們會像一號軟體工程師那樣，也付給二號軟體工程師八萬五千美元嗎？答案是不會，我們覺得那樣的差距太大，而且想要省點錢，於是花了七萬兩千五百美元雇用他。

▼至於三號軟體工程師，我們求才若渴。人人都在熬夜工作，客戶也趕成一團，我們急需協助！於是我們找到了人，但她卻開出了九萬美元的價碼。我們倒抽了一口氣，還是付了這筆薪資。

因此，我們有三名工作大致相同卻待遇迥異的軟體工程師，分別支領七萬兩千五百美元、八萬五千美元和九萬美元的薪資。但這個範例無法說明我們在判斷他人的天賦上出了差錯。我們以為自己雇用了優秀卓越的平面設計師，結果他只不過是普通的平面設計師，那麼，我們會開除他還是堅持減薪呢？都不會。那麼，那個沒經公司考試就錄用、支領低薪，卻學習迅速、一週工作八十個小時，同時深受客戶喜愛的優秀年輕小夥子呢？我們會馬上讓他薪資翻倍，以反映出他的價值嗎？也不會。出於人們有意或無意的偏見而導致薪資上產生差異，才是比較糟糕的。

我們一想到公開分享薪資資訊就侷促不安的唯一理由，就在於害怕職員的反應，而且他們會產生負面反應的唯一理由，就在於你是否擁有一個完全主觀、有失公平的報酬制度。我坦承正是如此。

為了對薪資透明化的概念感到自在，你就要先瞭解目前有多少人已經這麼做。美國所有的聯邦公務員都是依據美國聯邦政府一般俸表（General Schedule）支給標準支領俸給。該俸表分為十五職等，每個職等又分為十級。你是美國司法部的人力資源官員嗎？那麼就是GS13的職位，意味著你在調薪前的平均薪資是七萬三千一百七十七美元；你是美國陸軍的（一星）准將嗎？那麼你軍階多高就領多少。在可以公開查閱的軍職俸表（Military Pay Scale）中，我看到一星准將的俸給落在O-7，也就是每個月八千四百三十八・一美元。

那是美國政府和軍方的俸給標準，但你知不知道，美國所有的非營利機構都得揭露單位內所有頂尖職員的報酬？這些機構因為不必繳稅，所以要填寫美國國家稅務局的九九〇表格（IRS Form 990），而非申請「退稅」（tax return），該表格中的第八部分便是要求填入所有員工、薪資最高的職員，甚至是約聘人員的報酬。再者，九九〇表格屬於公開資訊，人們輕易就能上網找到，所以這可能挺有趣的……我們來看看，美國非營利民權組織美國全國步槍協會（National Rifle Association）總裁的薪資是一百二十四萬一千五百一十五美元，外加長期退休金三百八十一萬零七百三十四美元。至於美國規模最大的草根環保組織山巒協會（Sierra Club），其理事長的待遇則為二十三萬七千六百二十二美元。

甚至是在私人機關，也有越來越多公司開始樂於接受薪資透明化。他們深信，所有的千禧世代都會公開談論自己的薪資，再加上有「玻璃門」（Glassdoor）和「薪資表」（PayScale）之類的求職與薪資統計調查網站，你只要點幾下滑鼠，就能得知自己目前的薪資是否接近公平的水準。

美國全食有機超市（Whole Foods）創辦人暨共同執行長約翰・麥基（John Mackey）自一九八六年以來，一路都在引薦薪資透明化的概念，超市內的任何職員都能查看彼此的薪資。麥基在一次受訪時解釋道：「倘若你正試圖建立起一個高度信任的組織，一個人人為我、我為人人的組織，你就不能有祕密。」他表示，一直都有職員質疑他關於同工不同酬的事，然後他只是解釋薪資較高的職員如何提供了他們的附加價值。

全食有機超市選擇對內共享薪資資訊，Basecamp 軟體公司的領導者則是對外公開他們的報酬制度。Basecamp 軟體公司共同創辦人大衛・漢森（David Hansson）在名為〈我們在 Basecamp 如何給薪〉的部落格貼文中敘述：「Basecamp 沒有所謂的協議薪資或加薪，同樣層級、同樣職位的每一個人，他們拿到的薪資全部相同。我們同工同酬。」他接著解釋，公司內的軟體工程師從資淺軟體工程師到首席軟體工程師，一共分為五個層級，而每個層級的職務要求都有明確的定義。他們先透過線上服務找出每個層級在市場上不同的薪資水準，經個別排序後，再支付每個職位排行第九十五百分位數的薪資（但他們不發放獎金）。市場上的薪資水準是以總部所在的芝加哥為基礎，但職員可以自由居住在他們想要的任何地方，薪資不會基於地域關係而有所調整。

聚合社群媒體行銷軟體公司巴弗（Buffer）則是更進一步。他們不僅公開分享報酬制度，還分享呈現出個別職員薪資多少的試算表（刪去姓氏）。巴弗和 Basecamp 的制度非常不同，這才是有趣之處。巴弗公司在名為〈介紹巴弗全新的薪資換算公式、計算薪資 App 及整體團隊換算後的薪資〉的部落格貼文中，解釋了每個職位的薪資換算公式組成如下：

▼依據特定地域市場上的薪資水準訂定本薪。

▼經驗乘數分四個層級（例如你是「大師級」，本薪就會乘以一・三）。

▼外加一萬美元或股票選擇權。

巴弗公司不是跟職員討價還價、決定年度加薪多少，而是每年都會加薪五%，以犒賞職員「忠心不二」。在我查閱他們薪資試算表的那一天，發現薪資最高的職員是喬爾（Joel），也就是住在紐約市的總裁，薪資二十一萬八千美元；而薪資最低的是阿弗雷德（Alfred），住在新加坡擔任社群之星（Community Champion），[1] 薪資五萬九千一百一十二美元。

每家公司將自家薪資標準化的方式各有不同，這看似有趣，但重點在於：擁有及分享這樣的制度，全然改變了公司與職員，還有職員彼此之間的對話。人們不再說「我值得領得更多」或「我比蘇西更有價值，這不公平」，而是轉變成圍繞著「天賦」打轉的對話。現在的問題也許會是「你把我歸類成中階軟體工程師，而我自認是大師級軟體工程師。」對話變得全都跟技能、成果與價值有關。

多年前，在我的職員收到一封列有每個人薪資的電子郵件時，我很害怕會發生最糟的事，但令我驚訝的是，居然沒有任何一個人跑來跟我討論他的薪資。我當然沒有那麼天真，以為職員彼此之間不存在些許的妒忌，甚至是受傷的感覺，但我想要相信，即便當時我主觀地設定薪資水準，仍以個人的技能和價值為基礎。

解雇時徹底的透明化

我掛上電話、關起辦公室的門，然後把頭埋進了雙手。美國網路泡沫爆發時正是二〇〇〇年。我和合夥人乘著泡泡起飛，以約莫三千五百萬美元的創業投資金額，成立了一家科技人力資源公司，並在一年內從管理大約二十五人，增長到兩百五十人。我們不計一切代價，持續不斷地成長，然而就在我們公司首次公開募股（IPO）的前幾個月，納斯達克綜合指數（NASDAQ）開始發生史無前例的大崩盤，因此有很長一段時間，都不會再有公司進行首次公開募股。我的總裁打了一通電話給我，表示為了讓公司存活下來，我們得立即從「成長策略」轉往「正現金流策略」，這也意味著，我得馬上解雇團隊中的一大群人，而且有些我打算解雇的人，才剛進公司服務不到幾個月。我一把抓來廢紙簍，防止自己嘔吐。

你在最低潮時，如何與自己的團隊還有外面的世界溝通呢？隨著現在到處都有網路和社群媒體，你得要假定自己所說的一切都會與大眾分享。即便你現在發表演說的對象是你的職員，你仍要知道，你在備忘錄、電子郵件或演說中確切的一字一句，都將會與每一個顧客、夥伴，甚至是媒體分享。

那天我獨自坐在辦公室，不得不仔細思考要解雇多少人、哪些人，還要如何向其餘的團隊成員解釋。我很清楚最難熬的時候，也正是最需要徹底透明化的時候。我草草寫下了我若站在他們的立場，會想要知道的事。

▼事實為何（例如，誰會受到影響）？
▼真正的原因或起因為何？
▼還會解雇更多人嗎？
▼接下來呢？未來會如何？

很不幸地，由公司領導者所發表的聲明鮮少著重在這幾個面向，透過明確、平實的語言著重在這些面向的更是少之又少。二〇一四年七月，當微軟副總裁史蒂芬・埃洛普（Stephen Elop）宣布他旗下的業務單位會有一萬兩千五百人遭到解雇時，他不但無意間成了眾人的笑柄，還成了如何不向員工傳達解雇一事的代表人物（你若想參閱整篇聲明的內容，我已存至連結如下：kevinkruse.com/bad-layoff-announcement）。

埃洛普的聲明中最大的問題，在於他說了十一段話、近乎一千個字，才終於說到：「我們計畫這將導致公司在明年裁減大約一萬兩千五百名廠長和專業員工。」在切入聲明的重點之前，他一再重申微軟的策略、諾基亞（Nokia）的策略、市場區隔、生產地點等。難道他以為一開始的那十一段話就會減少衝擊嗎？難道他以為一開始的那一千字就會讓人人自行得出「我們真的得開除一些人」的結論？

這份聲明的第二個問題，在於行話。即便微軟（及埃洛普帶領的諾基亞部門）本身是科技大廠，即便那裡的每個人都是經驗豐富的業務專家，你也無須說起話來那麼缺乏人性。我摘錄聲明的內容如下：

▼我們團隊所創造出的硬體，充分展示了微軟數位作品及數位生活經驗的精華，而且我們將會匯聚（confluence）最佳的微軟應用、作業系統及雲端服務。

▼我們的設備策略必須反映出微軟的策略，而且必須在適當的財務訊息範圍（financial envelop）內達成。

▼當我們持續在所有市場中提供產品，並特別著重在確保營運持續（business continuity）的同時，我們也規畫為銷售市場擇定適當的商業模式作法。

▼我們規畫讓生產作業達到適當且有效的規模（right-size），以符合新的策略，並且利用整合契機。

匯聚？財務訊息範圍是什麼？營運持續看起來是怎樣？還有，「達到適當且有效的規模」最經典。

倘若微軟的聲明是用來宣布解雇人力的錯誤範例，那麼正確的範例為何？

巴弗公司成立於二〇一〇年，主要提供軟體工具協助人們分享、排定一整天的社群媒體行銷貼文。即便巴弗公司相對較新、較小，但他們同樣受到職員和顧客的喜愛，使得他們在二〇一六年六月宣布裁減十一%的人力時變得特別困難。你仍然可以在該公司的官網上找到聲明的內容（https://open.buffer.com/layoffs-and-moving-forward/），我為大家摘錄的重點如下。

與微軟不同的是，巴弗公司的總裁喬伊・加斯科涅（Joel Gascoigne）開門見山，直接就在貼文的標題宣布：「棘手的消息：我們已經裁去十人。我們如何走到這一步、財務細節，還有如何向前邁進」。

巴弗公司的聲明裡少了行話，讀起來宛如加斯科涅正私下喝著啤酒向你解釋整個狀況。他一開頭便寫道：

過去三週對巴弗的每個人來說，都是充滿挑戰且情緒化的。我們做出一個很艱難的決定，裁減了十名團隊成員，也就是整個團隊的十一％。我想跟大家分享我們如何走到這一步的全部細節，還有我們已經選好因應這種狀況、讓巴弗變得更健全的方法。

說到解雇的理由時，沒有達到適當且有效的規模、保持靈巧、市場急遽變化等這些話。巴弗的總裁帶著教科書才有的直白，把錯全算在自己頭上。

這是我在截至目前的職涯中所犯下的最大錯誤而導致的結果。更糟的是，這不是市場變化後的結果，而是我一手造成的……實際上，我創造出來的挑戰，如今改變了大家的人生，無可挽回。

過去一年來，巴弗從三十四人成長到九十四人……如今反思此事，我看到了在那樣的團隊規模中，反映出諸多的自我與自傲。

倘若這樣還不夠坦承，那麼加斯科涅接著列出了其他所有的失敗之處：欠缺責任感、無法信任財務模式、缺少對冒險及團隊重整的欲望。

我從未見過公司領導者公開說明他們如何做出「選擇誰被解雇」的決策。事實上，那些被我解雇的人就曾經問過類似的問題：「你為什麼選我，而不是選丹？是因為我老了嗎？」實際上，巴弗公司在部落格貼文上分享了決策樹（decision tree），也就是實際的流程圖，徹底呈現他們如何看待每個單一的職位。然後，倘若某個領域的人數比公司所需要的還多，他們就會使用「後進先出」的方式，選定服務時間最短的職員，「以防在挑選個別的團隊成員時有所偏頗。」

很重要的是，在談到把重點放到更樂觀的未來時，巴弗公司聲明的內容也相當明確。加斯科涅羅列出十二種（除了裁員之外），將替巴弗公司省錢的不同變革，甚至提供一張圖表，明確顯示「我們很興奮要轉虧為盈了，而且對於我們現在的方向充滿信心。目前我們的銀行結餘是一百三十萬美元，這將協助我們在二〇一七年一月之前成長並回到兩百一十萬美元的水準」，附帶了數字的全然透明化。

我已經找不到自己在二〇〇〇年寄給職員的那封電子郵件。我多希望那封電子郵件簡短、沒有行話，並且涵蓋四個重點：

1本週，我裁去了數十名的團隊成員；這真是有史以來我得做的事情當中，最困難的一件，然後我將會竭盡所能，協助他們在其他優秀的公司找到出路。

2為了促進成長，我們得要裁員，因為我們每個月的支出多於銷售賺進的利潤。我們原本預期透過首次公開募股，取得大量的資金挹注，但隨著股市下跌、近期無法進行首次公開募股，於是我們得保留銀行裡所剩下的現金。我們必須營運獲利、向前邁進。

3我們不敢保證，但我們選擇在此時大幅裁員，就是希望在不久的將來，不必再次經歷這樣的事。

4雖然這真的是痛苦的一週，但我們接下來的財務狀況看起來強勁穩健。（我已經跟大家分享了收入、支出和現金流量預測。）無論金融市場在哪一個月、哪一年的表現如何，我們都開創了科技革命，著重在人才管理上也相當正確。我規畫在未來的幾十年，為投資人、顧客和職員帶來價值。

要點

當世界的步調較為緩慢，「向上呈報資訊、向下傳達決策」的階級式命令控制結構會是合理的，同時在那種「爭奪資源就是零和遊戲」的環境下，個人可以藉著向他人隱瞞資訊而在職涯上更進一步。

但如今，在標榜著VUCA，也就是「多變」（volatility）、「未知」（uncertainty）、「複雜」（complexity）、「模稜兩可」（ambiguity）的世界裡，能夠存活下來且蓬勃發展的組織，正是那些即時適應環境變化的組織。它們會盡可能把關鍵度量指標（metric）[2]和財務之類的資訊傳得越遠越好，如此一來，前線的工作人員才能做出妥善的決策。

經理

從基礎開始。團隊成員是否清楚你的每季目標和年度目標？他們是否知道你有多少的團隊預算，還有花費在不同領域上的限制為何？你會與他們分享所有其他用來追蹤團隊和組織的度量指標嗎？在績效透明化上，你是否會不厭其煩地向他們提出如何改善，以及如何在職涯上更進一步的回饋意見？你要求他們評論過你身為領導者的表現嗎？

專業營銷

你是否擁有迅速回覆顧客要求的資訊？你是否需要跟公司領導者談談目前定價的基本原則，或者未在既定時程內完成交貨的真正理由？當顧客把你們的業務視為黑箱作業、可以任意操弄，他們就會以為交易的利潤和談判的空間，都比現有的更高、更多；更糟的是，他們可能看到你開著名貴的車子停在路邊，或者看到豪華氣派的公司總部，就以為他們被你占了便宜。你要確定，你在產品成本和公司獲利能力上盡可能透明化，還有這樣透明化的程度，在與業界標準及競爭對手相較之下，孰優孰劣。

運動教練

身為運動教練，你在坦承自己「為何」採取這樣的步驟和決定時，就會增加球員在情感上的承諾。趁著此時解釋你為何規定大家要守時，解釋你為何有服裝儀容的規定或其他的標準，解釋你為何選擇這種在某次特定練習時才使用的訓練方式。當你得做出棘手的決定，例如要誰擔任一開場的四分衛、派誰上場比賽等，都要解釋你的基本原則。

軍官

在軍中，信任是成功無形的基石，其中包括部隊之間的信任、士兵和指揮官之間的信任，還有軍隊和國家之間的信任。身為軍事領導者，你必須仿效、鼓勵透明且以價值為基礎的決策，把屢次犯錯視為學習的契機而促進透明化，同時盡可能分享資訊，前線的部隊才能做出策略性的決策。

父母

要成為一名徹底透明化的父母可能滿棘手的。我們想要孩子尊敬我們，又不想讓他們得知我們在他們這個年紀時的不良行為，而意外促使他們做出糟糕的選擇。但大部分的家庭的確隱瞞了過多的資訊。在我兩個正值青春期的女兒開始開車時，我就很確定要告訴她們，我曾發生過的兩場車禍，即便就技術層面而言，那兩場車禍的錯不在我，但我很清楚車禍的確是因我而起。另外，許多包含憂鬱症在內的疾病，都是源自遺傳基因的組成，而我們的孩子在長大成人之後，只要弄清楚自己的父母、祖父母有過什麼病史，便會受益匪淺。倘若你想要孩子瞭解金錢的價值，或許就應該跟他們分享每個月的帳單資訊；倘若你想要鼓勵他們去找待遇優渥的工作，那麼就讓他們知道，你在整個職業生涯中擔任不同的職位分別賺進多少工資；倘若你想要孩子在緊要關頭時就自然而然地跑來找你商量，那麼他們必須知道你和他們會有共鳴，還有你或許曾經犯下類似的錯。

個人

面對朋友、手足和另一半，我們總是比較容易忽略那些讓我們煩心的事，而且保有祕密有時比解釋真相（呃，對，是前女友傳簡訊給我）更容易。對，短期內這麼做是比較容易，但問題在於，這些小事不會憑空消失。我們只是把事情隱藏起來，卻又時時放在心上，以致哪次和對方一言不合就一口氣翻出舊帳。你的朋友和家人不是你肚子裡的蛔蟲，關於你想著什麼、感覺如何，他們不會瞭若指掌。當你對某事感到沮喪時，試著使用這個說法展開對話：「當你＿＿＿時，我覺得＿＿＿。」

譯注

1 社群之星：巴弗公司自創的職缺之一，主要工作除了與公司內部的團體溝通，還要與使用者及粉絲互動等。

2 關鍵度量指標：一種追蹤產品開發的度量方法，允許公司針對改善流程所帶來的影響進行量測，例如何時上市、具體的開發期間、每年新產品商業化的結果等。

第9章

展現弱點

布蘭登・布魯克斯（Brandon Brooks）很期待這場比賽。身為美國職業橄欖球聯盟中一名身高六・五英尺、體重三百四十磅的進攻前鋒，他的任務是要阻止對手擒殺他的四分衛，並讓他的跑衛進攻。這是他第一年加入費城老鷹隊（Philadelphia Eagles），該隊在前一年夏天，以五年四千萬美元的合約簽下了他，這意味著每場比賽五十萬美元。這次可不是一般的比賽，而是《週一橄欖球之夜》（*Monday Night Football*），對球員而言，這是他們在全國，甚至是全球觀眾面前大顯身手的好機會。

這個特別的週一，費城老鷹隊即將對上綠灣包裝工隊（Green Bay Packer）。這兩支球隊都在奮力地打完這個球季，即便機會渺茫，他們依舊努力不懈地想在季後賽占有一席之地——當然是為了球隊的驕傲。沒有人想要在觀看電視直播的一千萬名觀眾前出醜。

比賽當日，布魯克斯清晨五點起床，衝進洗手間，然後劇烈嘔吐，感覺像是得了腸胃炎。他拖著身子到了老鷹隊的球場，儘管隊醫已經盡了最大的努力，他卻不是為了《週一橄欖球之夜》全副武裝，而是直接住進醫院。結果，老鷹隊以十三比二十七敗給了綠灣隊。

兩週後，同樣的狀況再次發生。在練習一整週都覺得沒什麼問題之後，布魯克斯到了比賽當日，清晨五點，再次嘔吐不止。這次，他虛弱到連站都站不穩，就要錯過老鷹隊對上分區對手華盛頓紅人隊（Washington Redskins）的比賽。球迷和運動播報員都不禁思忖：「他究竟得了什麼不可告人的怪病？」三天後，他站在被媒體團團包圍的更衣室前，談起了自己的狀況：

最近，我發現到自己有焦慮的狀況……我像是對比賽「癡迷」（obsession），但這是一種不健康的癡迷，我正努力和隊醫把一切給弄清楚，並取得需要的協助之類的。對我而言，我想要什麼事都做得完美無缺，倘若我不夠完美、做得不夠好，就會讓我焦慮不安。我得要學習如何冷靜下來，並瞭解到犯錯是可以的，不完美也是可以的。

在布魯克斯臨時召開記者會大約一年之後，我有機會與他共進晚餐一次。他告訴我，在他得知自己有焦慮的狀況之前，他的目標就是要追求完美。確確實實的完美。他說：

我的目標，就是在整個球季中，完全不放棄任何一次擒殺四分衛的機會。我滿腦子都是這個。比賽之前，我腦海中會迅速飛過我在擒殺任何一名四分衛而陷入困境的所有場景。他若伸出左腳，我該往哪裡移動？他若移動到這裡，我就該移動到那裡。比賽之後，倘若我比得很差，就會滿腦子都是這些事，而且會一遍又一遍地重覆。

他說，與老鷹隊簽下如此鉅額的合約，放大了他的情緒反應；因為他不想讓任何人失望，所以他害怕失敗。現在，布魯克斯每週看一次心理醫生，一直在找出這種狀況的根本起因。這有點難以描述，但聽布魯克斯一路說著，我可以分辨出，他還是像從前那樣鍥而不捨的想贏、想要表現優異，但不知為何，那種來自外在的壓力消失了。他說，現在他瞭解到，自己無法掌握比賽中發生的每件事、明白犯錯在所難免，還有一旦犯了錯，也不是世界末日。

布魯克斯還告訴我，他毫不猶豫地公開揭露自己的焦慮。他根本沒去留意社群媒體上那些厭惡他的人；老鷹隊所有的教練和隊友一直很支持他。既然布魯克斯已經擺脫「必須完美」的包袱，並且公開分享他為何所苦，如今，走出困境的他，比以往更加強大。我們在共進晚餐時還不知道，布魯克斯後來再也沒錯過二〇一七年球季中的任何一場賽事，並獲提名參加美式橄欖球明星賽職業盃（Pro Bowl），老鷹隊也奪得了第五十二屆超級盃的冠軍。

跑贏獅子的必要

「你願意談談你在何時失敗過嗎？」

這是我會在〈LEADx領導秀〉詢問所有來賓的第一個問題。從個人事業發展專家丹尼爾・賓克、薩利機長，到美國知名演員暨作家亞倫・艾達（Alan Alda），從暢銷作家、企業家到大公司的總裁，我都會問他們何時失敗過，然後學到了什麼教訓。

我的來賓總會緊張地咯咯笑著，先用「哇，太多了啦，我很難挑！」這類的笑話使出拖延戰術，然後才說真話——那些他們從沒在受訪時說過的真話，而且經常是他們從沒告訴過朋友或同事的事。節目的聽眾老是告訴我，這才是他們最喜歡的問題，因為他們鮮少聽聞一個超級成功的人士會談論無關乎個人成就的事。

在一份針對超過二十一萬名企業領導者所做的調查中，有四十三%指出他們「不在乎被當成脆弱的人」，其餘半數以上則對於「脆弱」有點障礙。

我們為何會直覺地隱藏自己的弱點呢？看過探索頻道（Discovery Channel）的人

就會知道，這是人類進化的一部分。跑得最慢的瞪羚羊不會遇上什麼好事。如今，我們不必跑贏一頭飢餓的獅子，或者更確切地說，超越其中一位朋友，但我們依然經由先前的教訓，學習到最弱的人會發生什麼事。我們的父母或許會釋出類似「忍著點」或「別像個孩子」的明確訊號。在學校中，我們最後才被選入躲避球隊；在國、高中，我們被籃球隊退隊，還四處遭到霸凌。社交生活上，我們直覺認為要盡一切所能地融入大家；為了避免失敗的羞恥與痛苦，我們幾乎什麼都做。倘若羊群拒絕我們，我們只好回到飢餓的獅子那邊。

工作上，至少傳統上，我們也會因為「弱點」而受到責罰。倘若我們犯了錯，極有可能受到訓斥；倘若我們透露自己生了病，或者正在照顧患病的其中一名雙親，或者正在鬧離婚，別人就會突然開始質疑我們長期投入工作或專案的能力；倘若我們不清楚某件事，還會受到那些過於重視領域專長的人所批判。於是，我們就面對現實吧，「領導風範」有很大一部分其實是展現自信。

因此，我們為何應該違反現代人類長達二十萬年的演化生物學及社會建構，突然向大家揭露自己的弱點呢？

叢林變了，我們也應該轉變

我們不再生活在叢林中；我們沒有碰上獅子的風險，不論是字面上，還是比喻上，都是如此。這個工作的世界已經變了，從工業革命一路以來都行得通的行為模式，如今已經成了責任和義務。脆弱才是在新環境中蓬勃發展的關鍵。

脆弱能建立信任。我們不再以「力量和權力才是完成事情的關鍵」這種階級式命令控制的結構運轉著，如今，一切都與人際關係、社會資本，還有——套一句史丹利・麥克克里斯托上將的說法——打造出「黃金團隊」（team of teams）息息相關。「信任」經常被稱作人際關係的潤滑液。的確，神經科學家保羅・扎克（Paul Zak）就曾經針對職場上的信任度進行研究，發現到在高度信任的組織中，人們會更有效地與同事合作、更有生產力，也會在工作上待得更久。想一想你最信賴的朋友，你總是能向他們傾吐一切。因此，當某人在工作上顯露自己的弱點、缺點或是犯了什麼錯，我們就會忍不住比以前更信任他們一點。誰會把他們的弱點告訴我們呢？就是我們最要好的朋友啊！扎克的研究顯示出信任是互相的；你越信任我，我就越信任你，接著展開一種良性的循環。

脆弱會增加敬業度。脆弱能建立信任，而信任正是提升敬業度的前三大動力之一。所謂的敬業度，就是職員對於組織和組織目標在情感上的承諾。當我們投入、發揮敬業精神，我們就會在乎；然後當我們在乎，就會無條件地投入精力，並且更可能在自己的公司待得更久。

我們的父母或祖父母期待自己終其一生都在同一家公司服務。但如今，我們能夠（也的確）點幾下滑鼠就找到新的工作。事實在於，稟賦最優異的員工，在別處就擁有最多的就業機會。優秀領導者關心自己與直屬部下的關係，而好的關係起於展現你的弱點。

脆弱可激發創新。最新的工作世界太過瘋狂，以致有人想出了一個首字母縮略詞予以描述，也就是VUCA，亦即「多變」、「未知」、「複雜」和「模稜兩可」。科技創新正急遽加速，並把先前優秀的公司甩在身後。根據麥肯錫管理諮詢公司，美國《財星》雜誌在一九三五年評選出全美最大五百家公司的平均壽命是九十年；但到了今天，只剩下十八年。組織要存活下來只有一個方法，就是透過不斷地快速創新，而創新需要經歷許多失敗。

企業家會更自然地瞭解這個概念，並且經常竭力鼓吹「快速失敗」（fail fast）。在沒有人想要故意邁向失敗的同時，人們普遍都瞭解創新需要經過大量的實驗，況且大部分的實驗都行不通。只不過，你在每次「失敗」之後，就會學習、調整，然後再試一次。優秀領導者很清楚他們必須仿效這種方式、分享自己的失敗，並慶祝他人智慧的失敗，以建立起一種有效的冒險文化。我常說：「沒有贏或輸，只有贏或學。」

脆弱有益健康。說實在的，忠於自我地活著比較容易，也比較沒有壓力。這需要勇氣，但較不費力。專門研究「脆弱」的美國知名學者暨暢銷作家布芮尼・布朗（Brené Brown）曾經在報告中指出，完美主義與增加焦慮、憂鬱及藥物濫用密切相關。

「完美主義是一面被我們四處拖著走的二十公噸重的盾牌，以為自己會受到它的保護，但其實它是防止我們被看見……完美主義的核心在於試圖贏得認同……真正健康的努力及奮鬥是以自我為導向：『我能如何改善？』完美主義則是以他人為導向：『他們會怎麼想？』」

倘若一名重達三百四十磅的職業橄欖球員能夠確確實實地被「必須完美」所擊垮，那麼你就可以肯定，你所背負的壓力也會對你帶來負面的影響。

當你跌倒，我更喜歡你

我的朋友克莉絲汀（Christine MacAdams）是一名優秀又容易緊張的講者。有一次會議上，就在她發表演說前，她跑來找我，看起來壓力很大。為了試著讓她放鬆一點，我問她：「還能發生什麼糟糕的事？」

她指著自己的高跟鞋，說：「不知道，我可能會跌倒吧！」

當會議主持人宣讀完克莉絲汀的簡介後，透過麥克風朗聲宣布：「讓我們歡迎克莉絲汀・麥亞當斯小姐。」

臺下觀眾響起熱烈的掌聲，然後就在克莉絲汀踏上第二階臺階時，沒錯，她被絆了一下，跌倒在地，而且就在那個時候，她贏得了所有觀眾的注意。

社會心理學家把這稱為「出醜效應」（pratfall effect），也就是人人都會喜歡犯錯的人，甚至比較會受到他們的吸引。但多數研究指出，惟有這個釀成大錯的人被他人視為社會上的佼佼者，才適用這種效應。一個無能的人釀成大錯，他人只會把這視為，呃，無能而已。

一九六六年，美國知名社會心理學家艾略特・亞隆森（Elliot Aronson）進行了一項研究，深入探討我們在他人釀下「大錯」之後會如何看待他們，而他為了描述這項研究的結果，創造「出醜效應」這個說法。亞隆森在當時招募大學生，並告知他們將會聆聽一段錄音內容，是有關一名學生正在參加大學內「百科知識競賽」的選拔。這名參賽者必須回答五十個問題，但在錄音錄到一半時，他打翻了咖啡，你還能聽到他說：「天啊，我的新西裝上都是咖啡！」（倘若這段話似乎教人難以置信，那麼請記住，事情可是發生在一九六六年。）事後，參與這項研究的受試者會被問到各式各樣的問題，用以判定他們有多喜歡這名參賽者。結果，大家喜歡他的程度，居然因為打翻咖啡這項錯誤而增加了四十五%。亞隆森解釋道：「佼佼者可能會被視為超人，所以讓人感到遙不可及；而犯錯往往讓他變得更人性化，因而增加他的吸引力。」

出醜效應是如此強大，以致人們甚至喜歡會犯錯的機器人。探究新興社交機器人學（social robotics）的歐洲研究員，找來了約莫五十名大學生和一具兩英尺高的人形機器人，並將參與研究的受試者分成兩組，再由機器人向每組提問，以接收「如何使用玩具積木蓋出簡易建築」的指令。機器人在其中一組表現地十全十美，在另一組則內建好出錯的程式。結果，這兩個組別在機器人的智能上都給出了相同的評分（亦即犯錯並不會讓人們覺得機器人比較笨），卻認為犯了錯的機器人比較討人喜歡。

你的團隊成員是不是也把你奉為完人呢？為了強化彼此的關係，向他們展現你人性化的一面吧。

英雄旅程

站在三百人面前，我知道自己再度慘敗。在投入所有的準備及演練後，我得到的一切就只是禮貌性地拍拍手，而且還是來自那些沒睡著的人。我尷尬地走下講臺，對於自己演說的內容並未帶來影響而感到失望。

他們為何不能再感興趣一點呢？難道他們不知道我的成就嗎？我的公司不但獲頒美國《Inc.》雜誌前五百大快速成長的私人企業，還因為優良的職場文化榮獲「費城最佳幸福企業獎」。另外，我在四年內成立了一家營收從零元成長到一千兩百萬美元的公司，後來風風光光地把公司給賣了，同時我還是《紐約時報》炙手可熱的暢銷作家呢！

但就在我演說六十分鐘之後，我所得到的掌聲稀稀落落，事實如何不證自明。

我清楚自己得改變。倘若我想幫助更多人，就得學習如何讓身為溝通者的我，變得更有效率。我付了一大筆可笑的金額給全球頂尖的公開演說家之一，請他為我進行個人化培訓；我還閱讀了大量有關公開演說、說服和心理學的書；我撰寫且不斷重寫一份講稿二十多遍；我甚至開始研究脫口秀的諧星，但不是研究如何講笑話，而是如何計時。

在我下了這麼多功夫之後，得出的唯一重點就是：人們想向自己有所共鳴的人學習。人們信任公開分享自己的弱點和失敗的人們。

因此，我以自己在事業上經歷過怎樣的挫敗進行開場演說，例如我過去如何得要裁減三十％的職員、曾經是個怎樣的混蛋主管以致真的有職員威脅要把我痛扁一頓，還有如何遭到降職等，才接著分享自己如何轉變、做了什麼不同的事，才打造出這些獲獎的公司還有數百萬美元的公司營收。

在這樣的改變下，聽眾向前傾身、洗耳恭聽。他們提問、大聲拍手，偶爾還會起立，為我熱烈鼓掌。

朋友們，我呈現這段「英雄旅程」的故事，只是為了強調我要表達的重點。身為講者的我曾經糟透了，如今卻棒得不得了。這一切都是真的。而我只是透過一種特別的方式去訴說這段故事、開啟這段故事，倘若我是一名賭徒，那麼我敢擔保，故事一開始的前幾句便足以讓你著迷、讓你好奇我是如何好轉，然後你們才會替我開心，以致瞬間起身、為我鼓掌。

「英雄旅程」指的是一種追溯至幾百年前典型的說故事結構。這個概念因為神話學大師喬瑟夫・坎伯（Joseph Campbell）在一九四九年出版《千面英雄》（*The Hero with A Thousand Faces*）一書，以及美國公共廣播公司（PBS）在一九七八年拍攝《英雄的旅程：喬瑟夫・坎伯的世界》（*The Hero's Journey: The World of Joseph Campbell*）紀錄片而變得大受歡迎。

坎伯詳列出英雄旅程的典型故事中十七種不同的階段，包括歷險的召喚、跨越第一道門檻，甚至還有「狐狸精女人」、「向父親贖罪」等不尋常的階段。[1] 其他人已經透過各種不同的方式對此做出總結，而我對於這種神話則是簡化如下：

- ▼場景一：英雄陷入麻煩，被迫踏上冒險的旅程。
- ▼場景二：英雄在新盟友／新朋友的協助下，藉著特殊的物件／武器克服難題。
- ▼場景三：英雄因為場景二的試煉及苦難獲得轉型，繼而擊敗敵人，取得勝利。

你可以在梅爾維爾（Melville）、狄更斯（Dickens）、福克納（Faulkner）、海明威（Hemingway）、馬克・吐溫（Mark Twain）、托爾金（Tolkien）、史蒂芬・金（Stephen King）和其他許多作家的作品中看到這些型態。好萊塢則是一次又一次地利用這種歷久不衰的勝利法則，以獲取亮眼的票房。《綠野仙蹤》（*The Wizard of Oz*）、《哈利波特》（*Harry Potter*）和《獅子王》（*The Lion King*）都是如此，《星際大戰》（*Star Wars*）也是。你只要抽換人物和場景，就能說出幾乎一模一樣的故事。

《星際大戰》一開始，就是載著莉亞（Leia）公主的船艦遭到攻擊，然後莉亞公主派出機器人 R2D2 徵召頑抗的路克天行者（Luke Skywalker）加入反抗軍。路克當時只是不怎麼有意願的孩子，但他在新朋友，主要是歐比旺・肯諾比（Obi-Wan Kenobi）、尤達大師（Yoda），和一些新工具（光劍、原力）的協助下，蛻變成摧毀死星的絕地武士，之後和朋友盡皆受到人們的頌揚。

《星際大戰》和《綠野仙蹤》又有什麼共通點呢？

《綠野仙蹤》一開始是一位心懷不滿、名叫桃樂絲（Dorothy）的青少女遭逢颶風，被迫捲入到一個嶄新、多采多姿卻又危險萬分的國度。她在踏上那條實際的冒險之路，也就是黃磚道時，吸引到新盟友和新朋友，有好女巫葛琳達（Glinda）、錫樵夫、膽小獅和稻草人，還獲得了一些新工具（紅寶石鞋）。如今她脫胎換骨，得以擊敗壞女巫、對抗奧茲國（OZ），並且回到人人都幸福快樂的家鄉。

現在，請你回到我在這一節一開始所說的、有關過去多麼拙於公開演說的那段故事，然後再讀一遍。沒關係，我等你……

你現在看出我做了什麼吧？我引用了英雄旅程的結構：

- ▼場景一：凱文的演說很糟糕，他很尷尬，並且為此所苦。
- ▼場景二：凱文聘請演說教練、讀書，全面改造。
- ▼場景三：凱文和觀眾再度交戰，但這次觀眾起身為他喝采，他成功贏得了眾人的支持。

這看起來或許不是非常重要的手法，但請思考一下原先能用來展開這一小節的其他方法。在較先前的草稿中，我一開始寫道：

- ▼「英雄旅程指的是一種重覆性的說故事結構……」

▼「一九四九年，一位名叫喬瑟夫・坎伯的人……」

▼「優秀領導者利用英雄神話的力量……」

其實潛心研究並運用英雄旅程，才是正確之道。

倘若你不太確定這與領導力有什麼關聯，那麼只要記住，你無時無刻都在溝通。若你得發表演說，英雄旅程百分之百行得通；若你得舉行大型的內部簡報，英雄旅程也行得通；你在和團隊成員溝通時，只要你沒有濫用，英雄旅程也行得通。關鍵就在於先公開分享你的弱點和失敗——牢記出醜效應——再解釋你如何克服。

再者，別認為你的故事得持續兩個小時那麼久。實際上，你不是路克，也不是桃樂絲。你只要用少少的三句話，就能說完整段故事。我們來看看幾則範例。

你能用弱點領導，並在危機時運用英雄旅程：

十年前，那種內在的壓力令人無法置信……我犯了錯，公司正面臨現金短缺的危機，但財務長一再和我們最要好的供應商，針對付款條件進行協商；向新的銀行夥伴延長我們的貸款期限；我們的職員更是透過加快開立發票的速度，並找出節約開支的方法而團結起來。在不到六個月內，我們又回到了正現金流，而且……

你能用弱點領導，並運用英雄旅程，輔導、培養你的團隊成員。

我還記得自己在擔任這個領域的業務代表時，全美最大的買家正好落在我職掌的地區，但我和他們卻連一樁生意都談不成，差點丟了飯碗。最後，有一名資深的業務代表建議我，說：「人們會向喜歡的人購買東西。」於是，我又回頭找那名潛在的客戶，但這一回不是說產品的特色和好處，而是詢問他的孩子、母校，還有最喜歡的球隊。我的確多花了一點時間，但最終成功敲開了那名客戶的大門，而且幾年之後，他還成了我們最大的顧客。

你能用弱點領導，並在擔任新職務時運用英雄旅程：

這是真的。我可沒說謊。對於生物科技業，我毫無經驗，而且一無所知。十年前，當我開始在Acme生物科技公司服務，對管理軟體工程師一竅不通，於是我找來其中一名資深員工，每天輔導我一個小時。我和他一對一地坐著，學習每個人都在做些什麼，還跟任職於其他公司的同儕建立人脈、效法他們的經驗。我的確多花了一點時間，但就在我上週的歡送會上，他們全都說，我已經成了他們的一分子……

我們天生就是要回應英雄旅程。這在書籍、電影和真實生活中都行得通。我們為英雄喝采，我們想要英雄得勝，但請切記，惟有我們能先和他們產生共鳴，這才會成立。我們必須瞭解，英雄是人，他們都會犯錯，就像其他每個人一樣。

從脆弱到資訊泛濫

儘管我在擔任更脆弱的領導者時學會了那些事，但我在早期的旅程上仍不禁思忖：這個世界在存有真實可靠的領導者之餘，是否也存有「資訊泛濫」或「過度分享」這類的事？

舉例而言，即便我們在預算案公布前搶先交易，銀行裡的資金距離用罄（runway）[2]

還有好幾年，但我仍因透露公司正在虧錢，讓許多職員驚慌不安。早知道，我是否應該保留別說？

我決定致電給友人，也就是前美國海軍海豹突擊隊軍官，主要製造懸吊健身設備的TRX懸吊訓練公司（Total Body Resistance Exercise）創始人暨總裁藍迪・赫崔克（Randy Hetrick）。有鑑於他在軍隊和私人部門都相當成功，我想，他應該會有一套獨特的見解。他解釋道，倘若你的團隊成員都應付得來，那麼徹底透明化是最好的方式。他說：

> 身為一名美國海軍海豹突擊隊的軍官，我總是強調要坦率真誠地對待隊員。倘若事情出了差錯，我們所涉入的行動的確可能讓人致命。有鑑於此，我深信全體隊員都應該獲知事情的全貌，而不是一些修整過的細節。海豹突擊隊的士兵都想要並期待從領導者那裡獲知事情的全貌，然後全副武裝，加以因應。
>
> 甚至是在海豹突擊隊的群體中，領導者也必須學習調節及緩解全人類都會面臨到的，那些較不理性、更情緒化的恐懼。倘若領導者有具備事實根據的重大疑慮，那麼他就得中止訓練，加以處理；但若只是某個士兵本身的焦慮，那麼領導者的工作就是

處理這些焦慮，並展現出一個訓練良好的團隊應有的自信，以表支持。

別把赫崔克的建議當成不分享的藉口。確保團隊成員「全副武裝以備因應」的責任在你。回到我個人的案例，倘若我的虧損數據嚇著了一些團隊成員，那麼這就明確地顯示他們可能真的不懂基本的財務原則，或是沒記住我們該季的目標為何。沒錯，他們都應該掌握這些。但身為他們的領導者，這應該已經明確暗示我要在策略校準（strategic alignment）上投入更多的努力，更要為了大家而弄懂財務資訊。

對我而言，赫崔克經驗中的第二段更具啟發性。領導者仍然必須展現自信，因此，他不該分享那些與目標相左、缺乏理性的情緒。一如赫崔克告訴我的：「你的團隊將會感謝你的坦率與謙遜，而且，拜託好不好，他們無論如何都會嗅出端倪！」所以你還是可以談論自己的缺點和極限。只不過，對於恐懼，企業領導者則應著重在計畫以及對同事的信心，才能樂觀地看待未來。

倘若你曾經懷疑嘗試自我揭露在未來是否弊多利少，那麼在你可能過度分享之前，請先思考以下這些問題：

1 你的目的為何？請仔細思考一下，你分享的目的是為了協助、教導，還是建立信任？或者你只是需要他人對你噓寒問暖？你自我揭露背後的真正原因，是出於個人需要宣洩情緒、抱怨、取得他人的注意，還是受到「自己需要在職場上有朋友」所驅使？

2 他們準備好因應徹底透明化了嗎？他們瞭解成功的樣貌嗎？組織的目標為何？他們是否足夠成熟到清楚明白任何的企業總會面臨風險？他們對於團隊有效率地邁向未知的未來，有沒有信心？

3 關係有多密切？調節透明化的方法之一，就是對那些和你最親近的人更加開放，對那些比較疏離的人有所保留。倘若你是一家企業的所有人，目前公司財務告急，而你的直屬部下——財務長和副總裁——或許全盤瞭解整個狀況，於是你向他們坦承，你很憂心、毫無頭緒。畢竟，你需要他們協助想出解決方法，他們也應該具備處理的經驗。或許他們也會告知自己的直屬部下，目前狀況如何，只不過內容沒那麼仔細，情緒也沒有表露得那麼明顯。

4 未來會否危害他人對你的信任？倘若你的徹底透明化將會危害他人的隱私，或是使其尷尬，那麼施行透明化最簡易的防範方式，就是「詢問」。樂於接納「真實性」和「透明化」，並非授權讓你嚼舌根，或在他人的背後說壞話。我一向都很仰慕投資家、作家暨播客節目錄製人詹姆斯・阿圖舍（James Altucher），他是我所認識最透明的公眾人物。他經常談論自己最慘的時候，從跟蹤女友、試圖自殺，到破產、離婚都有，但他卻一次都沒說過前妻或前企業夥伴的壞話。有疑慮時，就撇開不談。

要點

分享弱點、錯誤和失敗等種種的醜事，將協助你建立信任、提升團隊成員的敬業度，並且促進創新的文化，但可別透過不自然或矯揉造作的方式——一種為求真實而假冒出來的方式。優秀領導者都知道如何卸下面具、如何呈現獨特自我的最佳樣貌；他們還知道，展現弱點實際上最能充分表現他們的勇氣與自信。

各類職務者的運用方式

經理

建立信任、提升敬業度，並且促進推動創新的文化，就跟展現出更多真正的你一樣容易。善加利用你能回答「我不清楚，但我會幫你找出答案」或「我們未能達成季目標，這終究是我的過失」的任何時機。當你花時間自我覺察（self-awareness），就會改善個人績效，因此，你可以倚賴自己的長處，並雇用強化自己弱點的人。

專業營銷

一九四七年那部經典的《34街的奇蹟》（*Miracle on 34th Street*）是我最喜歡的聖誕電影。其中有一幕，是梅西（Macy）百貨公司的聖誕老人告訴震驚的顧客，要前往競爭對手金貝爾斯（Gimbels）百貨公司購買瑪西沒販售的玩具。這個出乎意料的舉動不但讓大家對梅西百貨增添了不少好感，更提升了梅西百貨的曝光度。我總是告訴我的業務員，應該要找機會說「不」、婉拒專案，尤其是拒絕客戶要求殺價。當潛在的客戶聽見你坦承自己不是他們合適的夥伴，客戶對你的信任和可信度便會大幅提升（只可惜銷售的商品就會很少）。這麼做十分有效，以致我經常在一拜訪客戶便透過「你若在尋找________，我們並不適合你；但你若想要________，我們就是世界第一」的說詞，主動積極地向客戶說不。

運動教練

面紅耳赤、聲嘶力竭地尖叫，我看過太多年輕運動員的教練不停地向男孩、女孩們灌輸恐懼及壓力。你的目標應該是讓球員奮力取得最傑出的表現，而非最完美的表現。你要教導他們把自己所犯的過錯都拋諸腦後，因為最重要的球賽永遠都是下一場球賽。當你分享個人所犯下的錯，無論是童年的運動經歷還是後來的事，都將贏得球員對你的信任與尊重。他們會更努力地為你比賽，並用最妥善的方式處理自己的錯誤。

軍官

相較於其他組織，世界各地的軍隊更會培養出軍人堅忍不拔的特性，並獎勵行動後的成果。有鑑於他們以身犯險，這樣做其實是很合理的。但他們也有透過揭露錯誤或尋求協助，以展現自信和力量的時候。無論是為了協助培養年輕的軍官而分享戰術上的失誤，還是為了聽覺喪失或創傷後壓力症候群（Post-traumatic stress disorder, PTSD）而尋求協助，你都能在展現真正的自我和脆弱時表現得更好。

父母

你能藉由分享自己曾經犯錯、失敗，卻重新振作並獲得成功的經歷，養育出適應力強大的孩子。倘若你在談到個人的弱點時，也談到你擅長什麼，便是在給孩子上一堂正面積極，關乎自我覺察且如何倚賴自己長處的一課。倘若你想要孩子在最難熬的時候來找你，那麼他們在這麼做的同時，要是知道你也曾經面臨類似的處境，就比較可能覺得自在一點。

個人

我們都會在不同的時點或場景下，顯現出我們個性的不同面向。只不過，你常常戴著假面具嗎？你在分享錯誤、失敗和弱點時，會不會感到很不自在？想想看你自己是怎麼被養大的……你是在有所成就，而非在付出努力或做自己時，才獲得愛及讚美嗎？你個人追求完美的想望，或許正在損害你的健康，並可能讓你和周遭的人漸行漸遠。找機會和最親近的人分享真正的你，包括你的恐懼和極限；找機會藉著分享錯誤，在職場上取得信任。

譯注

1 其餘尚有「拒絕召喚」、「超自然的助力」、「鯨魚之腹」、「試煉之路」、「與女神相會」、「神化」、「終極的恩賜」、「拒絕回歸」、「魔幻脫逃」、「外來的救援」、「跨越回歸的門檻」、「兩個世界的主人」和「自在的生活」等共十七個階段。

2 用罄（runway）：又稱現金生命週期（Cash Runway），亦即一家公司花光現有現金餘額的時間。

第 10 章

領導力不是一種選擇

一八〇〇年代末期，有一位特別的、名為古斯塔夫・勒龐（Gustave Le Bon）的法國人。我會說他特別，是因為他接受培訓成為醫師，卻以人類學家的身分環遊世界（他是首位造訪尼泊爾的法國人）、以物理學家的身分進行研究（他曾獲提名諾貝爾物理學獎），同時廣泛地撰寫探討心理學的相關作品；我會說他特別，也是因為身為「顱骨學家」的他，發明了一種能夠量測女性頭骨的裝置，並深信女性「呈現出人類進化最低等的形態……相較於文明化的成年男性，女性更像是孩童及野人」。哇喔！

撇開勒龐對女性的貶抑，他值得讓人稱許之處在於寫了一本後來啟發了獨裁者、開展了心理學的研究領域，甚至還有人說預測出川普崛起和貓咪網路迷因的書。勒龐在一八九五年出版的《烏合之眾：大眾心理研究》（*The Crowd: A Study of the Popular Mind*）中，提出了第一份有關大眾心理學的深入研究。他是構思出社會傳染（**social contagion**）理論（他在一百頁中用了三十次「傳染」這個詞），並且首度描述了情緒、想法和行為如何像病毒一樣從一個人傳播至另一個人。這種社會傳染的現象，正是我說「領導力不是一種選擇」的原因。

領導力的相關定義多不勝數，但最常被簡化為一個詞，也就是「影響力」。當我和領導大師肯・布蘭查（**Ken Blanchard**）共進午餐時，我問他：「倘若你得用一個詞來定義領導力，那麼會是什麼？」布蘭查毫不遲疑地回答：「影響力。」演說家、作家暨領導專家約翰・麥斯威爾（John Maxwell）常說：「領導力就是影響力，不多也不少。」美國聖地牙哥大學喬瑟夫・羅斯特（Joseph Rost）教授也在《二十一世紀的領導力》（*Leadership for the Twenty-First Century*）一書中，檢視了七百年來領導力在定義上的演變，並總結出一句話貫穿全書，那就是「領導力是一種影響的關係」。

你將在本章中發掘到，由於社會傳染，你甚至連試都不用試，便不時地在影響人們，即便你不想這麼做。你甚至會影響陌生人。你在行動時、待命時，會影響他人；你在說話時、沉默時，也會影響他人。正因為影響力等於領導力，這就意味著領導力不是一種選擇。無論你想或不想，你都在領導。

領導力和性愛、毒品、搖滾樂

即便多數抽菸者和不抽菸者都可能清楚二手菸帶來的風險，但多數人可能不瞭解二手菸會直接促成菸癮。美國西雅圖的華盛頓大學（University of Washington）的研究人員，曾經詢問八百零八名五年級學生的抽菸習慣，還有其父母的抽菸習慣。這些人在長達七年間，陸續接受過好幾次的調查。在控制人口統計數據和其他變因之下，分析結論顯示父母抽菸的孩子，在二十一歲前就開始抽菸的可能性，是父母沒抽菸的孩子的兩倍。父母本身對抽菸抱持什麼態度，反倒沒有太大的關係。父母可能會告訴孩子，抽菸這習慣既髒又貴，他們希望孩子可以戒菸，但這卻沒有影響。

不過，有一則好消息要送給為人父母者，如果你才剛決定戒菸，以拯救自己與孩子的健康，那麼社交上的影響力反過來也行得通。戒菸也有傳染力。美國哈佛醫學院的古樂朋（Nicholas Christakis），以及加州大學聖地牙哥分校（UCSD）的詹姆斯・弗勒（James Fowler），透過一萬兩千人及其社交網絡，分析這些人三十年來的健康資訊，發現當有一人戒菸時，其周遭親近的朋友和家族成員中，比較不可能繼續抽菸的有三十六％；甚至朋友的朋友中，比較不可能抽菸的也有二十％。研究人員針對研究結果摘述如下：「人們似乎會在社交網絡的集體壓力下，個別採取行動。」

你現在有的，他們將來也有

不是每所大學都有自己的偽酒吧，但在荷蘭的奈梅亨拉德堡德大學（Radboud

UniversityNijmegen）的行為科學院就有一間。實驗酒吧（Bar Lab），一如字面上的意思，看起來就像一般的酒吧或酒館，甚至還有可使用的啤酒龍頭，但其中也有精密複雜的錄影機和麥克風網絡，用來錄下個人在行為實驗下的社交互動。

研究人員就是在這間酒吧裡，研究我們和他人在一起時，社會傳染對我們進食多少所帶來的影響。他們找來八十五名大學一年級的女學生參與這項實驗，而且就像我們普遍進行行為研究時會做的，研究人員對他們撒了謊（善意的謊），並告訴每一名女性受試者，這項實驗是與營養及認知功能有關。為了評估大腦的功能，她得先玩日本任天堂出品的Wii遊戲，再與另一名女性一同用餐，然後接受更多認知上的測試。當然，Wii的遊戲只是個幌子，而且與實驗毫無關係。

真正的實驗就在這間實驗酒吧進行。受試者經配對成雙，坐在雙人餐桌點菜單上的千層麵、通心粉、義大利麵，或是名為「stamppot」的荷式料理（谷歌搜尋告訴我，這道菜結合了馬鈴薯泥和蔬菜），而餐桌上的另一名女性其實是科學家的工作夥伴。研究人員告訴那名夥伴，要在實驗時間經過三分之一時，吃進標準分量的食物；再過三分之一時，吃進少量的食物（標準分量的一半）；然後在最後的三分之一，再吃進大量的食物（比標準分量多出一半）。他們事先在餐盤上偷偷劃線、標記食物的分量。

結果研究人員發現，在控制許多其他變數後，倘若受試者的用餐夥伴吃得較少，他們也會跟著少吃大約十%；倘若受試者的用餐夥伴吃得較多，他們就會跟著多吃大約十%。這些研究人員還做了另一件事（別忘了有錄影機！）。他們觀察並記錄了所有接受研究的雙人組合究竟吃了幾口食物，結果一共是三千八百八十八口。在心理學家所謂的「行為模仿」（behavioral mimicry）中，這些女性往往反映出彼此的進食模式，而非隨機進食，每個人都在另一個人吃了一口的五秒之內，也跟著吃了一口。

另一項研究則發生在實際營運的餐廳。研究人員利用一千五百三十二名顧客的銷售收據，找出人們在做出「吃什麼」的決定時的同儕影響模式。菜單中有八種類型、五十一種不同的項目。研究人員藉著使用各種統計工具，找出人們在團體用餐時，往往會選擇不同的項目，但僅限於同一個團體。舉例而言，倘若我們一起用餐，你點了雞肉沙拉三明治，那麼我就比較不可能也點雞肉沙拉三明治，而比較可能點鮪魚三明治，而非主廚特別推薦的美式肉餅。一如研究人員所言：「用餐的人似乎想跟同儕不同，但又不那麼不同。」

在我們的行為如何影響周遭人的另一個例子中，無論我們想不想要他們這樣做，我們怎麼吃、吃什麼，都會影響那些跟我們一同用餐的人的食物攝取量。

領導你的孩子

問問你正值青春期的孩子「倘若從一到十，一是『糟透了』、十是『棒極了』，你給我們的溝通打幾分？」美國威斯康辛州麥迪遜市（Madison）的研究人員問了青少年這個問題，結果得到平均七・五分（母親往往比較高分，父親則比較低分；老爸們，抱歉啦），這只是針對兩百多名青少年進行長達十年的縱貫性研究（longitudinal study）[1]中，所提出的其中一個問題。受試者每年都會重新被問到各種有關性行為、毒品和酒精、學校、家庭的問題，尤其是與父母溝通品質上的問題。

他們發現到，青少年平均是在十五・一歲首次發生性行為，然後隨著一年一年過去，青少年逐年長大，他們首次發生性行為的機率才大幅增加（勝算比〔odds ratio〕為一・七）。怎樣才能減少這樣的結果呢？怎樣才能減少青少年發生性行為的機率呢？答案就是：和父母溝通。實際上，親子溝通每改善十%，也就是說，你正值青少年的孩子幫你打的分數從七・五增加到八・五，那麼孩子發生性行為的機率就會下降將近一半（勝算比為〇・六四九）。因此，你拿到青少年子女幫你打的分數了嗎？現在問問他們，你要做些什麼，才能多拿一分？

至於「安全性行為」（safe sex），一份針對五千四百六十一名中學新鮮人所做的研究指出，「父母跟孩子談論性行為的風險」和「青少年首次發生性行為時使用保險套」之間密切相關（勝算比二・〇五）；其他類似的研究則指出這兩者之間的關係更密切。這樣的度量指標特別重要，因為首次發生性行為就使用保險套的青少年，在未來繼續使用保險套的可能性會是二十倍。

套句門外漢的我所用的說法，這些研究大略指出：

▼若你跟青少年的子女談論安全性行為，他們使用保險套的可能性是兩倍。
▼若你不跟青少年的子女談論安全性行為，他們使用保險套的可能性是二分之一。

身為父母，你握有選擇權。我知道這挺彆扭的。你可以跟孩子們討論禁慾、安全性行為，或是假定學校的健康教育會涵蓋這類的知識，又或是認定你的孩子就是「好孩子」。你要知道，不論經由哪種方式，你都正在透過你的決定而影響孩子。

在餐桌上領導

對父母而言，一家人共進晚餐是與孩子建立關係、監看他們的活動和心情，並明確或含蓄地教授他們人生經驗或提供其他指導的好方法。一九九八年，美國明尼蘇達大學的研究人員，開始著手找出實際上這麼做的家庭會不會降低青少年藥物濫用的機率。於是，他們調查了八百零六名中學生，詢問有關家庭連結，還有他們多常抽菸、喝酒並吸食大麻的問題。最著名的問題就是：「過去七天內，和你同住的所有家族成員或大多數的家族成員，一起用餐幾次？」研究人員選定每週一起用餐五次以上，才足以代表「家庭規律聚餐」。

上述實驗的確顯示出「家庭晚餐」和「藥物濫用」呈現負相關，但這些研究僅僅是一段時間內單一而簡略的狀況罷了。畢竟，相關不代表就有因果關係。或許，藥物濫用較少的原因，不在於家庭晚餐，而可能是吸毒的孩子為了怕被家人發現，逃避一起用餐。

因此，明尼蘇達大學的研究人員在經過五年之後，又針對同一群孩子再調查一次（當時他們大概已經十七歲了），並且控制這項縱貫性研究中性別、種族和社經地位之類的變因。結果，他們的發現令人震驚。沒錯，回報後的結果顯示，倘若青少女的家庭規律地共進晚餐，她們在中學時抽菸、喝酒或吸食大麻的可能性便少了一半。（有趣的是，這種情況與青少年沒有關聯。於是研究人員建立一種理論，也就是相較於男性，女性比較可能注意到家人在用餐時給予情感上的支持。）二〇一〇年，另一份研究更深入地探討性別上的差異、發現到家族聚餐的影響相同，但男性呈現出的不受歡迎行為卻與女性不同，大多是打架和破壞公物。

即便這份數據只適用在我們的女兒身上，還是很有說服力。我要再次強調，為人父母，領導力並不是一種選擇。無論你的家庭怎麼做，都會帶來影響。

▼若你規律地和家人共進晚餐，你女兒在中學時濫用藥物的可能性是二分之一。

▼若你不規律地和家人共進晚餐，你女兒在中學時濫用藥物的可能性是兩倍。

有一份類似的研究，探討了「家庭晚餐」和「青少年更廣泛的高風險行為」之間的關係。在一份針對青少年進行的最大規模研究之一，研究人員蒐集了橫跨全美二十五州、來自兩百一十三個不同城市中，九萬九千四百六十二名學生的匿名調查資料，同時為了獨立出家庭晚餐所帶來的影響，他們再次控制家庭支持、溝通，甚至是內在動機（intrinsic motivation）之類的變因。在這項特殊的研究中，家庭晚餐和藥物濫用相關，而且男女皆同；再者，「家庭晚餐的頻率」和「青少年發生性行為」也呈現密切相關。在一週內共進晚餐五至七次的家庭中，有十一・八%的青少年回報有過性行為，而在一週內共進晚餐二至四次，還有一週內共進晚餐零至一次的家庭中，該比率則個別增加至二十%及三十・二%。

我要再次強調，不論父母是用哪種形式，他們都在領導。

▼若你規律地和家人共進晚餐，青少年子女發生性行為的可能性是三分之一。
▼若你沒規律地和家人共進晚餐，青少年子女發生性行為的可能性是三倍。

緊接著，我對一件事非常好奇，那就是家人邊吃晚餐、邊看電視，會有什麼影響。我很確定自己看過了每一集的《風流軍醫俏護士》（*M*A*S*H*）和最原版的《星艦迷航記》（*Star Trek*），因為小時候我們家都會固定拿出那種置放電視的金屬摺疊桌，然後在客廳一邊吃飯、一邊看電視。我只找得到一份探討此事的研究，而且令我驚訝的是，看電視對於家人共進晚餐所帶來的正面效果，沒有任何影響。

領導周遭人士的其他瘋狂方法

十年前，我坐在角落的主管座位，經營著我的五十人公司AXIOM。後來我離婚了。當時，我並不知道有誰離過婚。我是第一個。然後工作時，坐在我周圍五十英尺內的職員大概有十名，大多直接歸我所管。我原以為大家都結了婚，並且過著幸福快樂的日子。但後來莎拉離婚了；不久後，辛西亞也離婚了；之後，我更出乎意料地收到史蒂芬妮的電子郵件，寫著：「凱文，我知道這很奇怪，但你能不能推薦我不錯的離婚律師？」接著離婚的是明蒂；以前一聽到我跟老婆分手，就告訴我生生世世都要跟自己先生長相廝守的凱倫，顯然也提前改變了心意；馬克花了比較久的時間，但最後他也離婚了。（我用的當然都是化名。）我剛離婚的那幾年裡，坐在角落辦公室工作的那些人——離我最近的人——有一半以上都離婚了。這是統計上的巧合，抑或有其他的原因？

二〇一三年，研究人員蘿絲・麥可德摩特（Rose McDermott）、詹姆斯・弗勒和古樂朋共同發表了一份研究結果，並在全球造成了一股轟動。這三人組分析了長達三十年的婚姻及離婚數據，連同社會關係，發掘出他們所謂的「離婚群聚」（divorce cluster）。他們得出一種結論，那就是「離婚會在朋友之間散播開來」，甚至在社交網路中擴展到分居的程度。就統計上而言，他們的發現是：一旦你有朋友離婚，你個人婚姻破裂的機率就會增加七十五%；然後，一旦你有同事離了婚，你離婚的機率也會增加五十五%。

即便他人對於這項研究使用的統計方法有所疑慮，但沒有人懷疑同儕的確存在一些影響力。我離婚的消息，有沒有可能突然讓周遭的人去好好思考自己人生中的婚姻呢？當他們看到我比過去還要幸福、孩子們也都表現優異，這會不會帶給他們某種心理上的鼓勵呢？我肯定不會知道，也不後悔，但我的確認為，我離婚的決定，領導了（亦即影響了）在我周遭的那些人更往離婚的路上去。

這裡還有另一個例子，它沒有離婚那麼戲劇化。你經常搭飛機嗎？可能是去開會或是參加商務會議？也許你會買杯飲料、買份餐點，或者買副耳機觀看電影。好，如今坐在你身旁的那個陌生人，他有高出三十%的可能性，會購買和你類似的物品。若他們是你的朋友或家人，那麼他們購買類似物品的機率就會加倍。這是美國史丹佛大學研究人員在深入研究二十五萬名機上乘客的銷貨收據後，所得出的結論。

甚至自殺也有傳染力。公共衛生專家長久以來都在研究一種叫作「自殺成群」（suicide cluster）的現象，也就是鄰近地區在短期內反常地發生大量的自殺事件。在十五歲至二十四歲的美國人中，自殺位居第二大死因，同時美國疾病管制與預防中心（Centers for Disease Control, CDC）推估，這些自殺事件中，有一％至五％是社會傳染下的結果。一如感冒，自殺的發想和行徑都能逐步擴散、傳給周遭的其他人。

你想要每天多慢跑十分鐘嗎？那麼你剛影響了平時的跑友多慢跑三分鐘。美國麻省理工學院（Massachusetts Institute of Technology, MIT）有一對研究人員在五年內針對一百多萬名跑者進行分析（跑者都會在線上資料庫和社交網絡上登錄慢跑資料），並發現到當某人多跑了一公里，他的跑友就會自己多跑〇・三公里。這樣的比例在不同的度量指標下都是相同的。若你多跑十分鐘，我自己就會多跑三分鐘；你多燃燒十大卡熱量，我就會多燃燒三大卡熱量。

你是一名決定試用新的醫療裝置、藥物治療或手術方式的內科醫生嗎？那麼你剛影響了同領域的其他醫生也這麼做。美國耶魯大學醫學院（Yale School of Medicine）和約翰・霍普金斯大學醫學院（Johns Hopkins School of Medicine）的研究人員，針對現任的乳癌外科醫生共同進行了一份為期五年的縱貫性研究。我們可以假定，醫生在考量醫學證據、保險補助和病患要求後，便開始使用新裝置，或者進行檢測。而研究人員在使用醫療保險資料庫（Medicare data）的同時，發現到號稱「嘗鮮者」（early adopter）的醫生開始使用帶有爭議的核磁共振（MRI）和正子造影（PET）掃描時，同儕的內科醫生也開始使用那種檢測方式的可能性是兩倍。

朋友們，倘若領導力就是影響力，那麼領導力就不是一種選擇。無論你想或不想，你都一直在影響周遭的人。你在工作時領導，也在居家時領導。你領導你的家人、朋友，還有陌生人。問題在於，你是正在影響他們——領導他們——往正面的方向，還是負面的方向去。要留意你身為領導者的力量。要有目的地領導。

你會如何運用？

幾分鐘前，就在我仍在撰寫本章時，收到了一封來自〈LEADx領導秀〉聽眾的電子郵件，他將我的話謹記在心。

至今，我已經收聽您的播客節目好幾個月了，我非常喜歡。聆聽您的節目，提醒了我領導的本質，並激勵了我每天都要努力去激勵一位周遭人士。

即便我不是一名管理者或團隊／團體的領導者，但我在受到您的播客節目（和書籍）的激勵後，便開始注意周遭的人，試著找出能夠激勵他們的方式。於是，天花板宛如挑高了十層樓，我的世界豁然開朗。他人及其歷經的磨難激勵了我，然後我也試著反過來激勵他們。

您激勵了我反過來激勵他人，對此，我真的是感謝、感謝、再感謝。您說得沒錯，人人都能藉著參與並使他人投入，而成為一名領導者。

衷心致謝。

馬修（Matthew）敬上

無論你想或不想，你都是楷模。你的情緒和行為，都會進一步影響周遭的人。想要你正值青少年的子女成為安全駕駛嗎？那麼，你絕對不該讓他們看見你一邊開車、一邊傳簡訊；想要他們維持健康的體重嗎？那麼，你就要時時檢視自己的身體質量指數（BMI）；希望你的配偶更感謝你所做的一切嗎？那麼，確保你也正坦率地向他致謝；對於職員工作時開會遲到而感到挫折嗎？那麼，確保你自己總是準時（並在會議應該開始的那一刻起，就關上門開始簡報）；想要人們在乎公司嗎？那麼，問候他們的孩子，還有週末過得如何，如此一來，他們才會知道你在乎他們；想要你的球員尊重裁判嗎？那麼，就別在每次誤判時，就對著裁判大吼或咒罵。

當你感到無聊、有點憂鬱、提不起勁，甚至難過時……那就是你應該環顧周遭的人並領導的時候。

結論

我在開始撰寫本書時，堅信領導力就是一種超能力。而且，我們極需更多的超級英雄。

在職場上缺少領導力，導致七十%的職員不敬業。

在家庭中缺乏領導力，導致美國有一半的婚姻以離婚收場。

欠缺自我領導，導致肥胖及藥物濫用。

我們所需要的，是真實世界中的現代化管理和領導方法。無論是工業時代的命令控制模式，或是更現代且新潮的無管理者模式都不管用。

當今領導者必須同時著重人們和利潤，並且透過「保持」和「結果」加以評估。而我們如何讓這兩者達成一致呢？那就是，我們必須捨棄傳統的管理課程，樂於接納新穎、有前瞻性的原則。

法則一：終止開門政策。強化團隊成員的自治和授權，讓你能夠增加花在深度工作上的時間。

法則二：關閉智慧型手機。一併提升團隊成員之間和領導時的安全性，並且加強專注力。

法則三：不設規定。把你的重點從執行，移轉到雇用、價值和安全防護上。這所有一切都會陸續帶來較強的責任感和較高的敬業度。

法則四：不需要讓每個人都喜歡你。在你無須成為職場上的混蛋之下，確保你有足夠的獨立空間，以做出棘手的決策並給予直白的回饋。

法則五：用愛領導。這提醒你不必為了關心某人而去喜歡某人。關心能提升敬業度和忠誠度。

法則六：排滿行事曆。這反映出你每浪費一分鐘，能訓練團隊成員或做最重要的工作的時間，就少了一分鐘的事實。

法則七：偏心。這讓個人得以增進自己的長處，也給了你彈性去留住表現最優異的人。

法則八：揭露一切（甚至薪資）。這讓團隊成員能夠迅速行動、適應變化、做出明智的決定，同時降低他們去敲你的門，然後問「有空嗎？」的需求。

法則九：展現弱點。這會造就出一種心理安全和信任的文化，因而減少犯錯的幅度並且能促進創新。

法則十：領導力不是一種選擇。這提醒你，領導沒有所謂的休息時間；當你待在辦公室或四處走動、道聲早安或低下頭來、保有你的價值觀或忽略你的價值觀，都一直在領導著。

最後，優秀領導者都是在乎相關作為的。你在乎，否則不會讀這本書。然後當你放下書，的確要做出選擇。未來，你要無意識地度過人生，還是有目的地領導？切記，領導力等於影響力。無論你想或不想，你都在影響——領導——那些周遭的人。問題在於：你是領導他們往正面的方向，還是往負面的方向去？選擇取決在你。

今天，你將如何領導？

| 學習資源 |

若要下載「優秀領導者不設限行動方案」和「討論指南」，請至以下網站：www.LEADx.org/actionplan。

你若想在職涯中表現優異、領先他人，那麼 LEADx 提供了有關管理的基本原則、領導力、產能、溝通、創立個人品牌等，可隨時點閱的免費訓練內容。你若想查看免費的每日訓練內容，可至以下網站：www.LEADx.org

| 關於 LEADx |

倘若你的每個經理都有自己的高階主管教練，那會如何呢？ 我要向大家引薦阿曼達教練，它可是全球第一個人工智慧的高階主管教練。各大組織都會利用 LEADx 平臺提升管理能力、職員敬業度與產能。LEADx 成立於二〇一七年，其受到美國《財星》雜誌前五百大公司的委託，提供會員一整套可隨時點閱的工具，涵蓋了適應評估、引導學習方向、微學習（microlearning）課程，還有由人工智慧主導的高階主管教練機器人等內容。你所有的經理不值得擁有自己的教練嗎？

www.LEADx.org

｜致謝｜

首先，我要感謝 LollyDaskal 引薦我的經紀人 Giles Anderson。

感謝 Giles 的堅持和智慧，最後促成本書得以問世。

感謝我所有 LEADx 的同事，在我們展開鼓舞全球一億名領導者的任務時，一直都在為領導力的發展方式帶來創新。

感謝參與 Podcast〈LEADx 領導秀〉節目的嘉賓，他們無私地貢獻出自己的時間和建議：Morra Aarons-Mele、Heide Abelli、Jerry Acuff、Jon Acuff、Radha Agrawal、Aron Ain、Alan Alda、Delisa Alexander、Erika Andersen、Vernice Armour、Cam Awesome、Dick Axelrod、Paul Axtell、Patty Azzarello、John Baldoni、Craig Ballantyne、Justin Bariso、Luke Barnett、Dov Baron、Susan Baroncini-Moe、Thomas Barta、Alicia Bassuk、Mark Batterson、Dr. Stan Beecham、Vic Belonogoff、Beth Beutler、Ken Blanchard、Rene Boer、Kris Boesh、Gary Brackett、Michael Breus、Judson Brewer、Patrick Brigger、Michael Bungay Stanier、David Burkus、Joe Byerly、Evan Carmichael、Carter Cast、Daniel Chard、Subir Chowdhury、Dorie Clark、Gary Cohen、Alisa Cohn、Rachel Cooke、David Covey、Jennifer Cue、Andy Cunningham、LollyDaskal、Susan David、Dan Diamond、Robin Dreeke、Chris Ducker、Ann Dunwoody、Andre Durand、Dina Dwyer-Owens、

David Dye、Chris Edmonds、Ellen Ensher、Bill Erickson、Leland Faust、Jody Foster、Susan Fowler、Erica Ariel Fox、Jason Fried、Jon Gordon、Jeff Haden、Morten T. Hansen、Sally Helgensen、Daisy Hernandez、Cameron Herold、Naphtali Hoff、Bryce Hoffman、Sally Hogshead、Ryan Holiday、Robb Holman、Dave Hopson、Karin Hurt、Khe Hy、Tiffany Jana、Leila Janah、JathanJanove、Whitney Johnson、John Jonas、Michelle Joy、Shawn Kanungo、Karl Kapp、Amy Kates、Robbie Kellman-Baxter、Carrie Kerpen、Dave Kerpen、Matt Kincaid、Monica Klausner、Corey Kupfer、Lisa Lai、Mary Lamia、Abby Lawson、Andy Levitt、Elizabeth Lindsey、Scott Love、Mark Mader、Paul Marciano、Sara Margulis、David Marquet、Leigh Marz、Patty McCord、Mike McDerment、Daniel McGinn、Annie McKee、Doug McKenna、Bonnie Micheli、Donald Miller、G. Riley Mills、Christie Mims、Kathryn Minshew、Andy Molinsky、Angie Morgan、Amy Morin、Eric Mosley、Dave Munson、Tanveer Naseer、Dan Negroni、Tara-Nicholle Nelson、Rachael O’ Meara、Barbara Oakley、Betty Palm、John Parker、Ben Parr、Andy Paul、Marilyn Paul、Rajeev Peshawaria、Joel Peterson、Dan Pink、Dan Pontefract、Christine Porath、Michael Port、Rhett Power、Skip Prichard、Jonathan Raymond、Nate Regier、Tom Reilly、James Robbins、

Dan Rockwell、Tracy Roemer、John Rossman、Shelley Row、Chuck Runyon、Christina Russell、Jan Rutherford、MJ Ryan、Wendy Sachs、Jeff Sanders、Tim Sanders、Dave Sanderson、Greg Satell、Carl Schramm、Kim Scott、Patricia Scott、Steve Scott、Tina Seelig、Jason Selk、Jeremy Slate、Emily Smith、Hyrum Smith、Paul Smith、Andrew Sobel、Michael Sonnenfeldt、Sharon Spano、Joshua Spodek、Mike Steib、Gretchen Steidle、Sully Sullenberger、Jay Sullivan、Shelly Sun、Justin Talbot-Zorn、Connie Tang、Karissa Thacker、Maura Thomas、Mike Tippets、Bruce Tulgan、Dave Ulrich、Rory Vaden、Mike Vardy、Sarah Vermunt、Chris Voss、Cy Wakeman、Ron Warren、Peter Waszkiewicz、Michael Watkins、Jim Whitehurst、Scott Wintrip、Christopher Wirth、Liz Wiseman、Monica Worline、Gabriel Wyner、Denise Lee Yohn、Jill Young 和 Kay Zanotti。

最後，感謝 LEADx VIP 社群的全體支持還有對 LEADx 的宣傳，尤其是在我們剛起步時：Adam Morris、Adam Olsen、Aideen Brennan、Alessandro Motroni、Alex Day、Ali Dahab、Alonso Castañeda、Andrew Mackay、Andy Storch、Andy Willingham、ВасилийЛарионов、Becky Beasley、Bethany Tahon、Bijay Limbu、Bill Barnes、Bob Casey、Brandon Trahan、Brett Angus、Brian Dunworth、Brian Lott、Calv Ng、Carl Hansen、Carlo D'Amico、Cathy Cagle、Cathy

Tedesco、Chad Washam、Chidozie Moore Ekeanyanwu、Chito Mallillin、Chris Davis、Chris Edmonds、Chris Mayer、Chrissie Reynolds、Christopher Lewis、Chuck Roberson、Cole Dailey、Craig Douglas、Dan Milnor、Dan Wilson、Danielle Luigart、Darren Horne、Darren Tanner、Daryl Nauman、David Hackler、Deacon James、Dean Morbeck、Debra Wilson Hope、Diana Smeland、Diane Mobley、Don Maclaren、Don Polley、Ebong Eno、Eddy Piasentin、Ehsan Rasul、Emily Day、Eric David Jackson、Eric Puff、Erin Elizabeth、Frank Hoffman、Gail Nelson、GisclercMorisset、Glynnis Richardson、Greg Lauer、Gregg Taylor、Hassan Megahy、Heather Gale、Heather Speakman Morrison、James Lamb、James Nickle、James Skweres、Jamie Alford、Janine Blackburn、Jason Clayton、Jason Isaac、Jason Tremere、Jeff Davis、Jeff Miller、Jeff Moore、Jeff Rowell、Jennifer Carson、Jessica Hill、Jessica Paske-Driscoll、Jo Letty、Joe Groenhof、John Coakley Jr.、John Moller、John Murphy、Jonathan Black、Joseph Rich、Julian E. Kaufmann、Kamal Jaroor、Kaoru Sato Miller、Karen Dimmick、Katie Kinnaman、Kelly Chau、Kenny Febers、Kevin Wan、Kim Weaver、Kris Painter、Kristine McFerren Daly、Kristof Maeyens、Laura Donnelly、Lauren Nicolette、Leland Vogel、Lemuel Goltiao、Leonard Brown、Lesley

McCoy · Linda Kapembeza · Linda Lieratore · Lisa Brooks Ferguson · Lisa Day · Lisa Zawrotny · Lucy Yan · Lynn Gunn · Lynn Peter · Lynne Yura · Madeleine Murray · Marcelo Reda · Marcos Delgado · Marcus Gullett · Margaret Coley Crowley · Marie Johnson · Mario Gonsales Ishikawa · Mark D. Jones · Mark Gilbert · Mark Howell · Mark Richardson · Mark Teel · Markus Rabello · Martin McGlynn · Matt Milne · Matt Sloniker · Matthew Walker · Megan Thiessen · Michael Barrett · Michael Cook · Michael Raymer · MichalinaKunecka · Miles Park · Molly Ford Beck · MuzaddidRashdee · Nathan Shields · Nic Lewis · Nicholas Moon · Nick Davies · Nick Hendren · Nina Lorene Hermann · Padraig Ruane · Pat Bates · Patrick Lin · Patrick Mumba · Paul Keen · Paul Simkins Jr. · Reba Bailey · Rich Manwell · Rob Calder · Rob Diefenderfer · Rob Palacios · Robert Bell · Roi Ben-Yehuda · Rolf Biernath · Rosemary Hopkins · Ross Loofbourrow · Roy Chong Rong Yao · Ruby Cherie · Russ Bush · Russell Bush · Russell Green · Sabita Limbu · Sajit Sam Abraham · San Teekasub · Sarah Bright · Sarah Dye · Scott Yates · Sean Leong · Sharon Green · Stef Stroobants · Stephanie Kaufman · Stephen Stormonth · Steve Hand · Steve Nagy · T.C. Thompson · Ted Martin · Terri Keener · Thomas Christensen · Thomas ForbordEikevik Koch · Tim Goldstein · Tim

Pangburn、Tobey Mathas、Tonya Dunbar McKinney、Tricia Odell、Will Leighton、Yaqub Adesola、Yoann Hamon、Zachary Ashby。

偉大的領導者沒有規則：讓團隊脫胎換骨的逆向領導力

原書名：解放你的領導力——讓團隊脫胎換骨的逆勢法則

Great Leaders Have No Rules: Contrarian Leadership Principles to Transform Your Team and Business

作　　者——凱文・克魯斯（Kevin Kruse）
譯　　者——侯嘉珏
封面設計——陳文德
內頁排版——劉好音
執行編輯——洪禎璐
責任編輯——劉文駿
行銷業務——王綬晨、邱紹溢、劉文雅
行銷企劃——黃羿潔
副總編輯——張海靜
總 編 輯——王思迅
發 行 人——蘇拾平
出　　版——如果出版
發　　行——大雁出版基地
地　　址——231030 新北市新店區北新路三段 207-3 號 5 樓
電　　話——（02）8913-1005
傳　　真——（02）8913-1056
讀者傳真服務—（02）8913-1056
讀者服務 E-mail— andbooks@andbooks.com.tw
劃撥帳號 19983379
戶　　名 大雁文化事業股份有限公司
出版日期 2024 年 5 月 再版
定　　價 400 元
ISBN 978-626-7334-87-4

國家圖書館出版品預行編目資料

偉大的領導者沒有規則：讓團隊脫胎換骨的逆向領導力／凱文・克魯斯（Kevin Kruse）著；侯嘉珏譯. – 再版. – 新北市：如果出版：大雁出版基地發行，2024. 05
面；公分
譯自：Great Leaders Have No Rules: Contrarian Leadership Principles to Transform Your Team and Business

ISBN 978-626-7334-87-4（平裝）

1. 領導者 2. 組織管理 3. 職場成功法

494.2　　113006093